布克熊童书
Books Bear

会 讲 故 事 的 童 书

你好，国家公园

三江源国家公园

文小通 著　中采绘画 绘

光明日报出版社

走进国家公园

　　国家公园（National Park）是指由国家批准设立主导管理，边界清晰，以保护具有国家代表性的大面积自然生态系统为主要目的，实现自然资源科学保护和合理利用的特定陆地或海洋区域。

　　世界自然保护联盟则将其定义为：大面积自然或近自然区域，用以保护大尺度生态过程，以及这一区域的物种和生态系统特征；提供与其环境和文化相容的精神的、科学的、教育和游憩的机会。

　　走进国家公园的"走进"一词，与一般的行走与进入不可相提并论，它威严、慈爱而神圣，它让人有进入别一种世界的感觉，它是在回答"你从哪里来"的所在，它是我们所有人难得的寻根之旅。它内涵有庄重的仪式感——仰观俯察，上穷碧落宇宙苍茫，敬畏天地之心顷刻油然而生；虎啸豹吼，震动山林草木凛然，生命之广大美丽能不让人境界大开？当可可西里的湖泊，宁静而悠闲地等候着藏羚羊前来饮水，当藏羚羊自恋地看着湖水中自己的倒影，会想起诗人说："等待是美好的。"这些藏羚羊，它们在奔跑中生存、生子，延续自己的种族，它们寻找着荒野上稀少的草，却挤出奶来；对于生存和生命的观念，它们和人类大异其趣，孰优孰劣？可可西里不语，藏羚羊不语，野湖荒草不语。人有愧疚乎？人有所思矣：对人类文明贡献最大的是水与植物，"水善下之，利万物而不争"，植物永远是沉默的，开花也沉默，结实也沉默，被刀斧霸凌砍伐也沉默。它默默地组成一个自然生态群落的框架，簇拥着高举在武夷山上，为人类的生存发展，拥抱着、守望着所有的生物——从断木苔藓到泰然爬行的穿山甲，到躲在树叶背后自由鸣唱的各种小鸟，其羽毛有各种异彩，其声音极富美妙旋律，这里是天籁之声的集合地，天上人间是也。

　　亲爱的孩子，你要轻轻地轻轻地走路，万勿惊扰了山的梦、树的梦、草的梦、花的梦、大熊猫的梦……你甚至可以想象：它们——国家公园的梦是什么样？

徐　刚

毕业于北京大学中文系，诗人，作家，当代自然文学写作创始人，获首届徐迟报告文学奖、冰心文学奖（海外）、郭沫若散文奖、报告文学终身成就奖、鲁迅文学奖、人民文学奖等

三江源国家公园

高寒生物种质资源库

中华水塔

包括长江源、黄河源、澜沧江
源 3 个园区

位于青藏高原的腹地、
青海省南部

面积 19.07 万平方千米

平均海拔 4712.63 米

长江总水量 25%、黄河总水量 49%、
澜沧江总水量 15% 的水源补给

湿地 7.33 万平方千米

面积大于 1 平方公里的湖泊 167 个

冰川雪山 833.4 平方千米

兽类 62 种

爬行类 5 种

鸟类 196 种

两栖类 7 种

维管束植物 760 种

人口约 55.6 万人，包
括藏族、回族、土族等

藏羚
高原上的精灵

物种身份证

姓名：藏羚

别名：藏羚羊、长角羊等

纲：哺乳纲

目：偶蹄目

科：牛科

现状：近危

遥远而神秘的祖先

在青藏高原上，有一种珍稀动物，它们就是藏羚，也叫藏羚羊。小读者是否能猜到呢？藏羚羊的祖先并不是羊，一些生物学家认为，已经灭绝的牛科动物——库羊是它们的祖先。

"高冷"的藏羚羊

藏羚羊的栖息地非常独特，那里海拔 3700~5500 米，高耸、孤寂、寒冷，气温低于 0℃。不过，这种"高冷"的动物并不怕冷，因为它们天生自备一件厚厚的"毛衣"！

缺氧也不怕

高原上空气稀薄、含氧量低，藏羚羊依旧像风一样，能够自由奔跑。藏羚羊可以跑出每小时 80 千米的好成绩。

藏羚羊心脏较大，鼻腔宽阔，鼻孔里还有一个小囊，有利于呼吸。因此，在高原上藏羚羊也能快速奔跑。

胆小·也能抵抗天敌

藏羚羊看起来十分优雅，但它们也十分胆小，时常隐藏在岩穴中，或者在地上挖一个小坑，匿伏在内，只露出脑袋。这样不仅能发现天敌，还可以躲避风沙。如果不幸遇到了天敌，比如狼，藏羚羊虽然害怕，但一般不会逃窜，而是聚集在一起，用长角作为武器，"组团"迎战。落单的藏羚羊还会仗着自己能跑，兜一个大圈子，把狼甩掉，然后再回到原地。

雄性藏羚羊

拉风的"独角兽"

藏羚羊头上的两只角又细又长，角上还像竹笋一样有很多突出的环。站在远处，从侧面看过去，两只角重合在一起，好像只有一只角一样，因此它们也被称为"独角兽""一角兽"。不过，这样拉风的角，只有雄性才有，雌性是没有的。

雌性藏羚羊

不远万里的迁徙

藏羚羊以莎草、苔藓、针茅草等为食，每年夏天雌性藏羚羊要进行迁徙。它们跨越遥远的路程，有的要花费大半年时间，前往可可西里一带产子。那里食物丰富，天敌较少，有利于存活。之后，它们会带着幼崽返回过冬的地方。

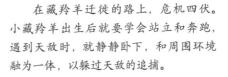

在藏羚羊迁徙的路上，危机四伏。小藏羚羊出生后就要学会站立和奔跑，遇到天敌时，就静静卧下，和周围环境融为一体，以躲过天敌的追捕。

藏羚羊保护组织在可可西里建了一个"幼儿园"，救助、照顾失去妈妈或走散的小藏羚羊。2016年，藏羚羊还是濒危状态，现在已经降为近危。

岩羊

悬崖峭壁上的"攀岩大师"

物种身份证

姓名： 岩羊

别名： 石羊、崖羊等

纲： 哺乳纲

目： 偶蹄目

科： 牛科

现状： 低危

长着角的"大石头"

在海拔 2100~6300 米的高山裸岩地带，生活着特立独行的岩羊。从岩羊身上，能看到山羊和绵羊的影子。它们头上的角，比山羊角粗壮，又比绵羊角挺直，还微微弯曲，看起来更像牛角。岩羊终年"穿着"青灰色的"大皮袄"，往地上一趴，就像一块大石头，是一个十足的拟色"大师"！

能"飞檐走壁"的羊

岩羊有一个与众不同的"爱好"，那就是攀岩。就算石崖陡峭如削，岩羊都能"飞檐走壁"，还能在悬崖上站立，是动物界的攀岩"大师"！岩羊还会"轻功"，一下能跳两三米远，就算从 10 多米高的山崖上跳下去，也不会摔伤。

情意深重的羊

岩羊是群居动物，喜欢与亲朋好友一起吃蒿草、苔草、杜鹃叶、金露梅叶等。它们性情温和，有好奇心，如果碰到劲敌追赶，岩羊逃到山脊处时，总要忍不住回头去看，这一看浪费了时机，往往会被天敌捉住。岩羊的天敌包括雪豹、豺、狼、秃鹫等，都是狠厉角色，一旦遇到它们，岩羊会"先跑为敬"。如果有同伴不幸死去，其他岩羊会围住它的尸体以阻止兀鹫啄食。

中华鬣羚：高原"四不像"

角像鹿，蹄像牛，尾像驴，头像羊，乍看像小马，译名"四不像"，这就是中华鬣（liè）羚。中华鬣羚喜欢在夜间出没，有时是独行侠，有时组成小分队。它们行动敏捷，能在乱石间飞奔，所以人们很难见到它们。

中华斑羚：没有胡子的羚羊

中华斑羚也喜欢在悬崖峭壁上行走，甚至跳跃。它的角又短又直，像插在头上的锋利小刀。它没有胡子，尾巴也不长，性情温厚，与人亲近。

11

雪豹
雪原上的"大猫"

物种身份证

姓名：雪豹
别名：艾叶豹、荷叶豹等
纲：哺乳纲
目：食肉目
科：猫科
现状：濒危

雪豹和假猫

有一种"大猫""隐居"在人迹罕至的冰雪高原上，在雪线一带过着孤独的生活，它们就是雪豹。雪豹被称为"雪山之王"。

在一些巍峨高耸的大山上，高处会有一片积雪带，这片积雪带的下部边缘，就叫雪线。雪线以上，常年积雪，长久之后，会发育冰川。

时尚界的宠儿

雪豹的"衣着"别具一格，一身灰白色的"大皮袄"，点缀着黑色的斑点和圈圈，霸气而时尚。人们把这种花纹用到服饰上，成为T台上的时髦标志。

为什么进化成这种模样

为了适应寒冷的雪山气候，雪豹进化出"大猫"中最小的脑袋和耳朵，还有最短粗的四肢，以减少散热。它们身上的毛十分细密，就连爪子上的肉垫之间都长着很长的绒毛。如此"全副武装"，雪豹自然不怕冷啦！

用尾巴当"围脖"

雪豹的尾巴又粗又长，甚至能和它的身体一样长，有时，雪豹会把尾巴叼在嘴里，有人认为，这是雪豹的一种应激反应；也有人认为，这是雪豹嫌自己的尾巴累赘。不管怎么说，大尾巴还是很实用的，不仅能帮助雪豹保持平衡，还能当"围脖"保暖。

从不"大吼大叫"

虎会咆哮，狮子有"狮吼功"，那你知道雪豹是怎么叫的吗？真相一定让你忍俊不禁，因为雪豹不会"大吼大叫"，只会像小猫一样发出嗷呜声，被人调侃为只会喵喵叫。

不折不扣的凶兽

不要以为雪豹叫声呆萌，就认为它们不凶猛。雪豹两三岁时就开始独自捕猎。它们善于跳跃，身手敏捷，令岩羊、雪鸡、旱獭等动物胆寒。雪豹一般昼伏夜出，上山和下山也一般走自己踩出来的路线，好像有强迫症一样。吃饱后，雪豹可以一个星期不吃饭。

保护区工作人员给生病的雪豹幼崽治疗

猞猁：狡猾的"独行客"

单看外表就能知道，猞猁（shēlì）也是猫科动物。它们也叫狼猫，独来独往，神秘莫测。论单打独斗，一只猞猁能打败一匹高大的狼！猞猁性情狡猾，如果遇到老虎、雪豹等"大猫"，它们会爬到树上藏起来，有时还装死。平时，猞猁大多夜行，十分谨慎。

荒漠猫：家猫的近亲

荒漠猫是猫科哺乳动物，大多在清晨、黄昏和夜间活动。它们性格孤僻，总是单独出没在高山草甸、荒漠或山林边缘等地带。

牦牛
低调的 "雪域天骄"

物种身份证

姓名：牦牛
别名：亚归、猪声牛等
纲：哺乳纲
目：偶蹄目
科：牛科
现状：濒危（野牦牛）

叫出猪声的牛

牦牛活动在青藏高原海拔 3000 米以上的地区。它们还是唯一能在青藏高原上生存的牛。你知道牛一般是 "哞哞" 叫的，但牦牛有着不一样的嗓音。牦牛的叫声像猪在哼叫，所以它们也被称为 "猪声牛"。又由于牦牛的尾巴像马尾，又被称为 "马尾牛"。它们四肢粗短，身上 "披" 着很长很密的毛，蹄子坚硬无比，双肩微微隆起，看起来高大威猛，堪称 "雪域天骄"。

原来你是牛魔王和猪八戒的结合版呀！

我可是正经牛。

牦牛的脖子短、耳朵小，有助于防寒。它们的汗腺机能不发达，也有助于保暖。发达的心肺、较高的血红蛋白含量，能使它们在缺氧的高原上畅快地呼吸。

独特的"牛脾气"

　　牦牛很友好，喜欢和小伙伴一起吃喝玩耍。因为都是大块头，每天的大部分时间都在吃邦扎草等植物。牦牛的嘴巴像铲子一样，能啃食很矮的草。虽然牦牛性情温驯，但被惹到时，也还会发脾气。如果落了单，情绪不佳，也会有攻击性。当有动物追捕小牦牛时，成年牦牛会把小牦牛围起来，保护小牦牛，它们反应灵敏，力量很大，能把汽车撞翻。

　　一般来说，当牦牛竖起尾巴时，攻击要开始了。

藏族同胞的好朋友

　　藏族同胞的衣食住行都离不开牦牛。牦牛奶、牦牛肉可以作为食物，牦牛粪可以烧火做饭，牦牛毛可以做衣服或帐篷……牦牛还认路，还能帮人耕地、驮运，一头牦牛能驮 100 多千克的重物。它们还像骆驼一样耐饥耐渴，被称为"高原之舟"。现今，世界上有约 1700 万头牦牛，其中的 1600 多万头在中国。

白牦牛：高原白珍珠

　　在甘肃天祝藏族自治县，有一种牦牛浑身雪白，被称为"高原白珍珠"。白牦牛非常稀有，全球只有中国有。

白唇鹿
中国独有的"白嘴唇"

物种身份证

姓名：白唇鹿
别名：岩鹿、白鼻鹿等
纲：哺乳纲
目：偶蹄目
科：鹿科
现状：易危

长相奇特的"神鹿"

白唇鹿长着又粗又硬的褐色毛，唯独嘴唇周围的毛是纯白色的，就像戴着白口罩。它们的臀部和尾巴周围，还有黄色的斑块，所以也叫黄臀鹿。因雄鹿长着扁扁的角，因此也叫扁角鹿。白唇鹿是中国特有的鹿，只生活在青藏高原及其边缘地带，被当地人视为神鹿。

红鹿和黄鹿

白唇鹿身上的毛很长，毛具有中空的髓心，利于保暖。神奇的是，毛还会变色，冬天是暗褐色，人们便把白唇鹿称为红鹿；夏天是黄褐色，人们又把它们称为黄鹿。

悠然的日常时光

夏天，白唇鹿迁往海拔高的草原；冬天，积雪太多了，它们又迁回海拔低的草地。它们还能游过宽阔湍急的水流。不必担心它们的饮食，有80多种植物，如珠芽蓼、黄芪、山柳枝叶等，都是它们喜欢吃的。

藏野驴

讲文明讲礼貌的驴

驴中高智商

藏野驴是一种非常自律的动物。它们群居在一起，每天清晨，先去水源处喝水，然后开始觅食，到了晚上，就回山地深处过夜。虽然"野驴"这个名字听起来很有野性，但藏野驴实际上很文雅，有礼貌。哪怕是干渴得要命，也会自觉排队，默默地等待前面的小伙伴饮用完再喝水。当它们离开时，也会排好长长的纵队，沿着固定的路线行走，留下一条"驴径"。旱季时，藏野驴可以几天不喝水，如果实在口渴，它们会用蹄子"挖井"。有了藏野驴"挖"的井，其他动物也能喝到水。

温馨友爱的团队

藏野驴常吃茅草等植物，在觅食时，若有小驴被困在水里，两头成年藏野驴会架着小驴，用肩膀推小驴上岸。

像驴，像马，又像骡

藏野驴栖息在高寒荒漠地带，头短耳长，比大家熟悉的小毛驴的体形大多了。它们的外形看起来更像骡子。当地人也叫它们野马。

野驴先生，你太高大了。

明"驴"不说暗话，我们是体形最大的野驴。

物种身份证

姓名：藏野驴
别名：藏驴、野马等
纲：哺乳纲
目：奇蹄目
科：马科
现状：无危

敌人追到哪里了

藏野驴机警敏锐，察觉到天敌时，会快速跑开。不过，跑着跑着又会停下来回头张望，就这样一路跑跑停停，好像在逗弄天敌似的。

咦，这事儿听起来很耳熟。

岩羊

喜马拉雅旱獭

地下"建筑师"

物种身份证

姓名：喜马拉雅旱獭
别名：哈拉、雪猪等
纲：哺乳动物纲
目：啮（niè）齿目
科：松鼠科
现状：无危

青藏高原上的土著

对于喜马拉雅旱獭，你可能不太熟悉，它们和土拨鼠一样都来自松鼠科大家庭。它们是青藏高原上土生土长的"居民"，小眼睛，短耳朵，大门牙，几乎个个都是"土肥圆"，憨态可掬。

豪华版"地下别墅"

喜马拉雅旱獭那发达的肌肉、短小的前爪，最适合挖洞了。它们挖出的"地下别墅"十分复杂，有主洞、副洞、临时洞等。主洞可以用于冬眠、抚养幼崽。有的洞深达几米，洞道长 10 多米，还有很多分支小道。"别墅"有多个出入口，附近还有厕所。藏狐是喜马拉雅旱獭的天敌，非常羡慕嫉妒喜马拉雅旱獭的"别墅"，经常武力抢夺。

怎样度过一天

当清晨的阳光照在洞口时，喜马拉雅旱獭就钻出小脑袋左看看右看看，在确认没有危险后，又露出一半身子；接着开始呼叫同伴，然后进餐，吃些嫩草枝叶或草根等。此后，一天内就很少发声，除非遇到天敌，才会"咕比咕比"地呼叫同伴，或像婴儿啼哭一样吼叫，令天敌发蒙，从而趁机逃跑。

喜马拉雅旱獭惹人喜爱，如果你看到两只喜马拉雅旱獭相互蹭鼻子，那是它们在打招呼呢！不过，喜马拉雅旱獭能传播鼠疫，是被重点监控的对象。

藏狐

感情坚贞的狐狸

物种身份证

姓名： 藏狐
别名： 藏沙狐、草地狐等
纲： 哺乳纲
目： 食肉目
科： 犬科
现状： 无危

"肿了"似的狐狸

藏狐是一种长相特殊的狐狸，为了抵御青藏高原的寒冷，它们的毛又厚又蓬松，这让它们看起来胖墩墩的。再加上很大的方脸好像肿了一样，表情总是波澜不惊的。

藏狐的饮食清单

与其他晚上觅食的狐狸不一样，藏狐喜欢白天出门捕猎。高原上的鼠、兔、喜马拉雅旱獭最能满足它们的胃口。藏狐不挑食，偶尔也吃水果和昆虫。

感情忠贞的狐狸

藏狐性格孤僻，对自己的身手很自信，不依靠群体养活和保护自己。藏狐感情忠贞，一生只有一个伴侣，夫妻二人会一起抚养幼崽。

抢个"别墅"住住

藏狐平时住在哪里呢？它们最眼馋喜马拉雅旱獭的"地下别墅"。它们一旦发现喜马拉雅旱獭的踪迹，就会把它们一窝端，然后霸占"地下别墅"。

黑颈鹤

唯一生存在高原上的鹤

优雅的黑脖子

黑颈鹤个头很大，是一种涉禽，也就是水鸟。它们身长 1 米多，脑袋大部和脖子为黑色。它们是唯一生存在高原的鹤。平时，黑颈鹤结伴徘徊在沼泽、湖泊和河滩，用尖嘴捕捉鱼、蛙、昆虫吃，它们也吃水藻、块茎等。休息时，它们会一脚站立，把嘴巴插进背部的羽毛里，以奇特的姿势休息。

物种身份证

姓名： 黑颈鹤
别名： 黑雁、干鹅等
纲： 鸟纲
目： 鹤形目
科： 鹤科
现状： 近危

有趣的迁徙群

黑颈鹤是候鸟，秋天时，要飞去暖和的地方过冬。迁徙时，有家庭群，有"青少群"，还有和雁鸭组合的朋友群。如果你发现它们在空中盘旋，那是它们在确认是否安全。

斑头雁：走路笨笨的鸟

斑头雁是鸭科鸟类，头顶有两道黑斑，所以被称为斑头雁。它们和黑颈鹤、赤麻鸭等是好邻居，主要栖息在长江源一带。它们善于游泳，走起路来却笨笨的，可是它们喜欢在陆地溜达。

黑颈鹤

黑颈鹤和丹顶鹤长得很像，你知道怎么分辨它们吗？有一个小窍门：头顶鲜红色、羽毛白色的是丹顶鹤。

丹顶鹤

斑头雁

大天鹅
飞越"世界屋脊"的鸟

飞越珠峰的天鹅

多大的天鹅叫大天鹅呢？那一定是"身材"高大的喽，一般体长120~160厘米，翼展200~250厘米。它们是世界上飞得最高的鸟类之一，看家绝活就是飞越"世界屋脊"珠穆朗玛峰。

不离不弃的感情

大天鹅的嘴巴上有触觉感受器，能帮助它们在水中寻找莲藕、水草、水生昆虫吃。大天鹅是一种"终身伴侣制"的动物，平时形影不离，如果一只死亡，另一只会终身单独度过，生死不渝。

高山兀鹫
偏爱腐肉的猛禽

奇特的长相

能和大天鹅比赛谁飞得高的还有高山兀鹫，高山兀鹫长得很酷，小脑袋光秃秃的，脖子也裸露在外，降落时，仿佛披着一件大披风，十分潇洒。

独特的饮食

高山兀鹫身为猛禽，却很少发动攻击，因为它们是食腐动物，偏爱腐肉。仗着眼神好，它们常常盘旋在高空，寻找地面的尸体。如果食物紧缺，它们也吃蛙、鸟、甲虫等，但此时人家是被逼无奈的哦！高山兀鹫还很恋家，不喜欢迁徙，是留鸟。

珠穆朗玛峰的高度是多少呢？

2020年给它量的时候是8848.86米。

鸟浪如诗

群飞的秘密

迁徙的季节来临啦，三江源国家公园的上空聚集着成千上万的鸟。它们遮天蔽日，排着自己的队形，整齐地向一个方向移动，这种奇观被称为"鸟浪"。

鸟能排成"一"字形或"人"字形飞行，每只鸟都动作协调，符合"团体操"的节奏。它们会注意避免和自己的同伴碰撞，还能集体急转弯。

是时候展示真正的技术啦！

冲呀！

棕头鸥

赤麻鸭

鸟为什么要组团飞翔呢？难道因为团结就是力量？这是因为鸟们可以利用空气动力学来节省体力，集体行动也更方便寻找食物。

尽管队形总在变化，鸟们却紧密聚集，不会散开。鸟浪中，有的鸟还经常呼唤其他鸟加入大集体。

鸟浪中，鸟们有分工，有合作。警惕性好的鸟可以充当"哨兵"，预防雕等天敌突袭。不过，有的"哨兵"有时会谎报敌情，趁机抢夺食物。

孤家寡"鸟"很危险，在觅食、睡觉时，随时可能被天敌捕捉。但有了团队就不一样啦！鸟浪呼啦啦地飞来飞去、起起伏伏，会迷惑天敌，减少被猎食的危险。

留鸟：不随季节迁徙的鸟。
候鸟：随季节变化定期迁徙的鸟。
迷鸟：迁徙途中迷路的鸟。
漂鸟：在一定区域内短距离迁徙的鸟。

青海湖裸鲤

不穿"衣服"的鱼

没有鳞片的鱼

青藏高原的青海湖是一个咸水湖，可是，奇怪的是，一种淡水鲤鱼却能在水中存活。为了排出体内多余的盐碱，这种小鲤鱼脱掉了"衣服"——鳞片，裸露着身体。于是，它们有了一个直白的名字——青海湖裸鲤。据说，黄河鲤鱼是它们的祖先。青海湖裸鲤也能在淡水中生活，天气寒冷时，就到湖水深处过冬。由于水温低、藻类和浮游生物少，青海湖裸鲤经常吃不饱，身形细瘦。

无悔无怨的洄游

高盐碱的水不利于繁育后代，每年的春夏之交，青海湖裸鲤便组成大队伍，密密麻麻地向上游进发，去淡水河里生宝宝。洄游时，道路坎坷，充满危险，大量的鸟早早守候在沿途，等着一年一度的饱餐"盛会"，许多青海湖裸鲤死在路上，但其他青海湖裸鲤依然坚持。

物种身份证

姓名：青海湖裸鲤
别名：湟鱼
纲：硬骨鱼纲
目：鲤形目
科：鲤科
现状：濒危

红斑高山蝮：特立独行的"美人蛇"

看到"蝮"这个字的时候，你就知道了，这是一种毒蛇。红斑高山蝮生活在海拔 4000 多米的山上，这里太阳晒、温度低，很多两栖动物都不愿意在这里安家，它们却特立独行，不走寻常路。而且，别的蝮蛇都身着亚光"外衣"，有着三角形脑袋，它们却穿着光亮的"皮衣"，晃着椭圆形的脑袋，堪称蛇中"美人"。

> 蝮蛇有奇特的颊（jiá）窝，可以帮它们找到附近的温血动物，比如，小鸟、青蛙、老鼠等。但红斑高山蝮的颊窝和它的毒牙一样不明显，"菜谱"也很独特，它们喜欢吃一种神秘的飞蛾。科学家猜测，可能是因为这种飞蛾有特殊的气味或蛇必需的特殊营养。

紫果云杉
长着紫色"菠萝"的树

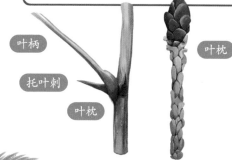

紫色的果实

紫果云杉就是能结紫色果实的云杉。它们一年四季都披着绿绿的针叶，叶间隐藏着紫红或紫黑色的"小菠萝"，这当然不是真菠萝了，而是它们的果实。

中国特有的一员

作为乔木，紫果云杉是大个子，有的能长 50 米高。它们的枝条上，长着密密的短毛，还有小木钉一样的叶枕。它们喜欢温凉，不喜欢晒太阳，是中国特有的一种树。

在叶片和叶鞘的连接处，有一个突出来的节，就是叶枕。

叶柄

托叶刺

叶枕

叶枕

川西云杉：也有紫"菠萝"

怎么区分紫果云杉和川西云杉呢？

看叶子！川西云杉的叶子下面有气孔线。

海拔三四千米的高原，是很多树木"望而却步"的地方，川西云杉家族却生活在这里。它们喜欢阴湿高寒的气候，耐干、耐冷，屹立不倒。它们也能结出紫黑色的"小菠萝"，果实和根皮都能入药。

祁连圆柏

喜欢"太阳浴"的千年老树

物种身份证

姓名：祁连圆柏
别名：数据缺乏
纲：松杉纲
目：松杉目
科：柏科
现状：无危

鳞叶　刺叶

"叛逆"的树

　　祁连圆柏喜欢"太阳浴"，一般生长在高海拔地带的阳坡上，能长 12 米高。当它们"年纪"还小的时候，有些"叛逆"，叶子上长出小刺，叫刺叶，一副无所畏惧的样子；等到壮年时，叶子开始变得柔和，有一些刺叶变成了鳞片状；当它们成为树爷爷后，叶子几乎都是鳞叶了。

雌雄同体的树

　　祁连圆柏会长出小绿枣一样的果实，成熟后，果实呈蓝褐色、蓝黑色、黑色。同一棵祁连圆柏上既有雄花，也有雌花，为雌雄同株。

柏树花

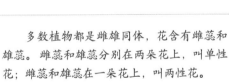

　　多数植物都是雌雄同体，花含有雌蕊和雄蕊。雌蕊和雄蕊分别在两朵花上，叫单性花；雌蕊和雄蕊在一朵花上，叫两性花。

祁连圆柏果实

大果圆柏：需要保护的树

　　大果圆柏是一种很"顽强"的树，不管干冷或湿暖，都能努力生长，甚至能长到 30 多米高，有"顶天立地"的英姿。它们的果实比其他圆柏的果实要大，能长到 16 毫米左右。每个果实里有一粒种子。这种树现在是易危状态，需要我们的保护。

大果圆柏的果实

侧柏的果实

白桦

树中的"英雄好汉"

一身诗意的树

白桦经常出现在诗歌、歌曲中，它们就像升旗手一样身姿挺拔，树干上还有很多美丽的"眼睛"。白桦能长到 27 米高，树皮灰白色，像纸一样光滑，如果剥下薄薄的树皮，可以在上面写字。很多种子植物都无法在 0℃ 以下生存，白桦却是个"英雄好汉"，在海拔 4000 米的地方都能找到它们。即使森林被大火烧毁，白桦也总是最先生长出来。

白桦上看起来像眼睛的瘢痕，其实是皮孔的衍生物。皮孔可以进行气体交换，与叶片上的气孔作用一样。

白桦的花果

物种身份证

姓名： 白桦
别名： 桦皮树等
纲： 双子叶植物纲
目： 山毛榉（jǔ）目
科： 桦木科
现状： 数据缺乏

红桦：漂亮的"蜕皮怪"

红桦就是红褐色或紫褐色的桦树，个头儿能有 30 米高，树皮会呈薄层状剥落。

糙皮桦：皮肤不好的桦树

糙皮桦也叫喜马拉雅银桦，"皮肤"暗而粗糙，但"身高"能达 33 米。

唐古特白刺

神奇的不死植物

唐古特白刺红果

物种身份证

姓名： 唐古特白刺
别名： 酸胖、沙漠樱桃等
科： 蒺藜 (jí lì) 科
属： 白刺属
现状： 数据缺乏

高原红珍珠

一丛低矮的灌木上，一片红果果悄悄展露了出来，灌木"身高"不一，矮的只有 20 厘米，高的足有 2 米，它们就是唐古特白刺，被称为"高原红珍珠"。作为沙漠中罕见的野生浆果，它们还有"沙漠樱桃"的美称，让骆驼们爱之不舍。

全世界的白刺还不到 10 种，中国就占了 5 种。

唐古特白刺

比银杏大一万岁左右

唐古特白刺来自白刺家族，白刺家族的成员都很耐干、耐寒，敢于挑战极端环境。它们从古老的第三纪走来，今天仍存活于世，比古老的银杏还年长一万年左右，因此，它们获得了"神奇的不死植物"的称号。

银杏

匙叶翼首花：有毒的花

如果你路过匙（chí）叶翼首花身边，可能不会注意到它们，因为它们太像普通的野草了，直到开出长着绒毛的花，才令人眼前一亮。它们的瘦果小小的，只有 3~5 毫米。虽然如此，它们却在海拔 1800~4800 米的寒冷地域生存。为了保护自己不被天敌掠食，它们的根有微量毒性，不过却能入药哦！

匙叶翼首花

白色匙叶翼首花

雪莲花
绽放在寒风暴雪中

物种身份证

姓名：雪莲花
别名：大苞雪莲、荷莲、优钵罗花等
纲：双子叶植物纲
目：桔梗目
科：菊科
现状：濒危

在风雪中绽放

你知道在雪里开的花吗？有一种花生在海拔 2400~4000 米的雪山上，任凭狂风暴雪吹打，依然顽强绽放。这是一种菊科的花，模样和莲花很像，被称为雪莲花。

是圆白菜，还是宝莲灯

未开花的雪莲花仿佛圆白菜一般包裹得严严实实；绽放后，花瓣有淡黄色或浅紫色等。花朵由粗壮的花茎举着，像宝莲灯一样，能在呼啸的风雪中固定自己。

你以为一株雪莲花只有一朵花吗？其实，在它的花托上，有许多小花，它们挤在一起，就如一朵大花，这叫头状花序，是菊科植物都有的特征。

5 年一开花，5 年一结果

高寒地带，氧气缺乏，雪莲花要积攒很多能量才能成长。0℃左右，雪莲花的种子发芽。幼年时，雪莲花已经能够抵御零下 20℃左右的低温。每开一次花，雪莲花都要"奋斗"约 5 年时间。它们结出的瘦果坚硬不裂，只含一粒种子。

雪莲花的瘦果

永远与众不同

可能是雪莲花下定决心要和别的花不同，它们即使不生在雪域高原上，也总是把"家"安在雪线附近的岩缝、砾石或沙质河滩中。在这些贫瘠恶劣的地方，很多植物都无法生存，只有它们在寒风中笑傲。

水母雪兔子

穿“毛衣”的花

像兔子，也像水母

　　雪莲花并不孤独，它有很多亲戚，比如“兔子”。远远看过去，这种毛茸茸的“兔子”总是蜷缩在山石间一动不动，走近一看，原来是一种植物，看起来又有些像水母，这就是水母雪兔子。它们长着一身毛，有了这层“大毛衣”，就暖和多了。

喜欢“登高望远”的花

　　水母雪兔子喜欢住在“高层”，雪莲花到不了的高处它们也要去瞧瞧。海拔 3000~5600 米的砾石山坡和高山流石滩、看起来根本没法获取养分的沙石间，都是它们的扎根之处。

一生开一次花

　　水母雪兔子一生只有一次开花的机会，为了这一次开花，它们积攒了生命的全部力量。从发芽到开花，需要经过 3~4 年时间，这是水母雪兔子短暂的一生。如果它们在绽放时被采摘下来，就会永远失去后代。由于它们数量极为稀少，科研人员都舍不得摘下来作为标本。

多刺绿绒蒿

离太阳最近的"梦幻之花"

雪山"罂粟"

在罂粟科中，有一种花喜欢生长在高山上，这就是多刺绿绒蒿。全世界有几十种绿绒蒿，其中大部分都生长在中国，主要聚集在喜马拉雅地区，它们也被称为"喜马拉雅蓝罂粟"。

短暂的一生

多刺绿绒蒿姿态优雅，一般主根长达 30~100 厘米。别看它们的根茎都是绿色的，汁液却是黄色的。由于身上有绒毛和硬毛，因此叫多刺绿绒蒿。多刺绿绒蒿开花之后，便枯萎死亡，一生十分短暂。

风中的精灵

多刺绿绒蒿"清高傲世"，只有在高海拔的地方才能发现它们的身影。这些地方风沙大，土壤薄，气候异常寒冷，很多植物都要"横向"生长，匍匐在地上。多刺绿绒蒿却迎风招展，宛如精灵、仙子。

在高海拔的三江源国家公园，由于阳光充足、紫外线强烈，很多花都是蓝紫色。蓝色可以抵抗紫外线侵袭，偏紫色可以反射阳光中的紫外线。

红花绿绒蒿

白花绿绒蒿

全缘叶绿绒蒿

乌蒙绿绒蒿

美丽绿绒蒿

报春绿绒蒿

贡山绿绒蒿

垂头菊
低头不语的花

"垂头丧气"的花

哪一种花不梦想着昂首挺胸地盛开呢？垂头菊却耷拉着脑袋，看起来垂头丧气地绽放。原来，青藏高原的白天阳光灿烂，垂头菊可以进行光合作用。随着温度升高，花的"身体"里积下了高温，必须有所蒸散才行，但当空气中湿度很高、蒸散速度降低时，垂头菊便蔫头耷脑的了。

这花开得垂头丧气的。

低头有什么用

垂头菊低下头，可以防止紫外线灼伤花蕊；高原上的雨雪总是不期而来，低头还能防止被雨雪打湿花蕊，防止花粉散失；另外，由于昼夜温差大，晚上温度低，低头还能防止散热，让自己加速成熟。

长着"小锯子"

垂头菊扎根在海拔三四千米的草地和树林边缘，用无精打采的衰败模样掩饰自己坚强的灵魂。它们"身高"30~40厘米，叶子又薄又柔软，不过，叶子的边缘长着一些锯齿，仿佛是一把肾形的小锯子。

锦鸡儿

小鸟一样的花

物种身份证

姓名：锦鸡儿
别名：老虎刺、黄雀花等
纲：双子叶植物纲
目：蔷薇目
科：豆科
现状：无危

金黄的"小鸟"

你可能听说过锦鸡，那是一种漂亮的鸟，但和锦鸡儿没有一点儿关系。锦鸡儿是豆科植物，花尖尖翘翘，就像一只只振动翅膀的小鸟，所以叫锦鸡儿。

会变色的花

气温回暖时，就是锦鸡儿开花时。随着花开，它们的颜色会越来越浓艳，然后一点点变红。等到完全变成红褐色时，它们就要凋零了。

娇弱"霸王花"

锦鸡儿是一种灌木，个头儿有 1~2 米。它们懂得保护自己，花枝上长着 7~15 毫米长的刺，有些刺有指甲盖那么长。所以，它们还有一个昵称——老虎刺。

随和的植物

生活在海拔 1800 米左右的锦鸡儿，常年忍受着寒冷和缺少水分的气候，生长在缺乏营养的土壤中，却安之若素。如果有人把它们移植到温室中，它们也能随遇而安。

大狼毒：听起来很"威风"的草

"大狼毒"是大戟科、大戟属植物。它们的名字听起来威风八面，其实是多年生草本植物，每年 3—7 月开花结果，现为易危物种。

大狼毒花

红景天

走进皇室的小草花

草药中的"大明星"

在三江源国家公园中，植物美人实在太多了，红景天就是其中的"人气选手"。它们体形娇小，只有10~20厘米，红扑扑的"脸蛋"像一把把小红伞。它们不仅长得美，还很坚忍，默默忍受着高寒地带剧烈变化的温差、灼人的紫外线、狂风和稀薄的空气，把又粗又直的根扎入向阳的山坡、石隙。它们还是实力派，是草药中的"大明星"。

相传康熙皇帝御驾亲征西北高原时，很多随行将士因为缺氧而头晕目眩、身体乏力。这时，当地人献出了红景天。将士们服用汤药后，高原反应就消失了。

物种身份证

姓名： 红景天
别名： 蔷薇红景天、扫罗玛布尔等
纲： 双子叶植物纲
目： 蔷薇目
科： 景天科
现状： 易危

红景天根茎，可入药

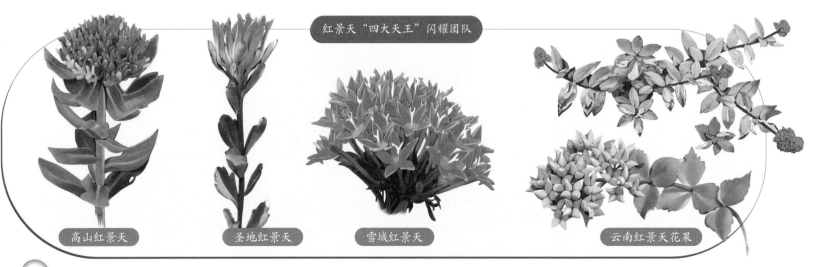

红景天"四大天王"闪耀团队

高山红景天　　圣地红景天　　雪域红景天　　云南红景天花果

羌活
拥有很多伞的草

物种身份证

姓名： 羌活
别名： 羌青、胡王使者、黑药等
纲： 双子叶植物纲
目： 伞形目
科： 伞形科
现状： 近危

"高冷"的草

如果你来到青藏高原海拔 2000~4000 米的地方，当你轻轻地拨开灌木丛，或者徘徊在树林的边缘地带时，没准儿会看到羌活的身影。羌活高 60~120 厘米，这很了不起，因为很多草本植物都长不到这样的高度。它们的茎又直又长，像竹子那样分成一节一节的。它们的叶子是复叶，排列在一起就像羽毛，叫羽状复叶。当它们开花时，就像大伞套小伞，有趣又好看。

复叶：2~3 片各自独立的小叶子长在一个叶柄上，能减少风、雨等落到叶片上的压力。
伞形花序：每朵花都由很多一样长的小花组成，看起来像一把小伞。
复伞形花序：每个伞梗上都有很多由小花组成的小伞。

传说古时候，一群羌人士兵遭遇了瘟疫，有人将一种植物熬制后给士兵服用，控制住了疫情。于是这种植物被称为羌活。现实中，羌活的根茎的确能入药。

雌蕊（柱头）
雄蕊（花药）
花冠
花梗

番红花：白天开花，夜里闭合

番红花又叫藏红花、西红花，属鸢尾科，花朵日开夜闭，有微微刺激的香气和苦味，三四年一开花，不易结籽。番红花的柱头可入药，也能做调料、染料、香料，据说大约 7.5 万朵花才能提炼出 0.45 千克香料，是世界上最贵重的香料之一。

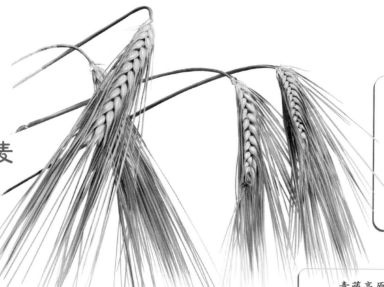

青稞
意志坚定的大麦

物种身份证

姓名： 青稞
别名： 裸大麦、元麦等
纲： 单子叶植物纲
目： 禾本目
科： 禾本科
现状： 无危

寒冷的家

如果问你哪一种庄稼最顽强，你应该能猜到青稞。青稞"定居"在寒冷干燥、土壤贫瘠的青藏高原上，躯干挺直，仿佛有着坚定的意志，等到成熟时，它们又弯下沉甸甸的麦穗，仿佛谦逊地面对自己的成果。

青藏高原一年中平均气温连续高于5℃的日子只有3个月左右。青稞就是在这种艰难的环境中生长的。

"裸奔"的大麦

在禾本植物大家族中，多数植物的谷粒和谷壳都紧紧贴在一起，必须经过脱壳才能吃。但青稞的颖果成熟时，谷粒会自己离开谷壳，所以被昵称为裸大麦。

每个谷壳中只躺着一粒种子，果皮和种皮合在一起，就是颖果。颖果是一种闭果，你知道的稻谷和小麦，就是这样的。

| 颖：外壳 | 颖果：外壳里的糙米 |

青稞与大麦的故事

青稞和大麦怎么扯上了关系呢？几千年前，藏族先民发现野生大麦的果实可以吃，于是经过漫长的岁月，将野生大麦驯化成了庄稼，青稞就是大麦的变种。

冬虫夏草

真菌家族里的另类

你真的不是虫子吗？

我当虫子还是小时候的事。

怪模怪样的家伙

冬虫夏草非常奇怪，长着动物的躯壳，又有植物的模样，生长在草原、河谷的土壤里。这种怪家伙是一种真菌，和你熟悉的蘑菇同属一个大家族。

物种身份证

姓名： 冬虫夏草
别名： 虫草等
纲： 核菌纲
目： 麦角菌目
科： 线虫草科
现状： 易危

真菌独立于动物、植物和其他真核生物，自成一界，能通过孢子来繁衍后代。孢子是一种生殖细胞，能直接或间接地发育成新生命。

蝙蝠蛾和虫草菌

它们为什么被称为冬虫夏草呢？原来，蝙蝠蛾生宝宝时，把卵产到地下。冬天，卵孵化成虫，虫草菌便寄居在虫宝宝体内，吸取它们的营养。天气渐暖后，虫草菌长出菌丝，到夏天时，菌丝从虫宝宝的头部长出来，钻出地面，看起来就像草一样。这时，虫宝宝已经死了。也就是说，它们其实是虫草菌和蝙蝠蛾幼虫的复合体。

弹射的孢子

冬虫夏草不开花，也不结果，繁衍方式奇特。夏天，菌丝钻出地面，体内的孢子就会弹射出来，依靠风吹、水送扩散，感染其他地方的蝙蝠蛾幼虫。

奇特的长相

冬虫夏草看起来皱皱巴巴的，不过颜色金黄，十分美丽。加上它们有药用价值，还被称为黄金草。

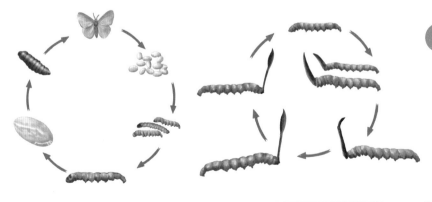

如果蝙蝠蛾的卵没有染菌……

如果蝙蝠蛾的卵已经染菌……

虫草环纹

尾部 1 对足　　中部 4 对足　　前部退化 3 对足

三江源

3 条江河一个 "家"

3 条江河的源头

　　认识了三江源国家公园的动物、植物和菌类后，你是否想过，"三江源"
这个名称到底是什么意思呢？答案一定会让你很激动，"三江源"的意思就
是——长江、黄河、澜沧江 3 条江河的源头所在处，怎么样，厉害吧？

黄河源头纪念碑

长江源纪念碑

三江源自然保护区纪念碑

母亲河从哪里一路流来

你一定知道，从远古时代开始，长江和黄河就开始为人类提供水和食物。那么你知道长江和黄河的水是从哪里"冒"出来的吗？这就要说到三江源了。三江源位于青藏高原腹地，那里有很多山脉，其中的唐古拉山脉、巴颜喀拉山脉常年"穿"着厚厚的冰衣，冰川消融后水汇成河流，分别成为长江和黄河的源头。

2008年，当曲被确定为长江的正源，沱沱河为长江的西源。沱沱河发源于唐古拉山脉的主峰格拉丹东的姜古迪如冰川，藏语意思是"红色的河"。它流经很多人烟稀少的地区，为野生动物带去了福音。

在古代，人们发挥想象力，认为黄河起源于天山，又形成暗流，在地下流淌1000多千米后，突然冒出来。

长江的源头有一条通天河，藏语称为"直曲"，意思是牦牛河。它可能就是《西游记》中通天河的原型。在《西游记》中，唐僧在老鼋的帮助下渡过通天河，取经回来再次渡河时，因为忘记答应老鼋的事，被老鼋甩入河中。

澜沧江的家

　　唐古拉山脉不仅孕育了长江，还孕育了澜沧江。澜沧江从三江源"出生"后，一路向南，最终流出中国，流到了东南亚，并有了一个新名字——湄公河。澜沧江是东南亚第一长河，也是亚洲的第三长河。

神奇水世界

　　三江源山脉连绵，山峰的上半部分为雪山，冰雪融化后形成很多河流。山峰下部是森林、草原，草原上密布着湖泊。因此，三江源是我国最重要的淡水之源，也被称为"中华水塔"。

由于众多河流经常分开又汇聚，远看就像小姑娘梳的辫子，因此这样的河流被称为辫状河。

河流经过高山峡谷时无法直行，只能绕过去，一路上拐了很多大弯、小弯，像蛇一样弯曲延伸，因此这样的河流被称为蛇曲或河曲。

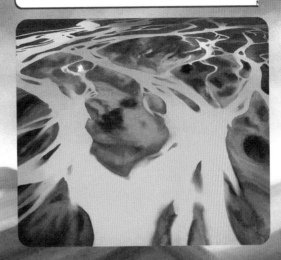

沱沱河辫状水系

蛇曲

湖泊

撒落在地上的明珠

青海湖：青色的海

在藏语中，青海湖的意思是"青色的海"。它是中国最大的内陆湖，由地壳运动形成的大山断层而成。这里沙暴猛烈，大风呼啸，有时波浪可达七八级，但仍是许多生物的乐园。

璀璨的玛多星星海

玛多县被称为"千湖之县"，黄河的源头就位于玛多县。这里有几千个大大小小的湖泊，星罗棋布，宛如梦幻。其间，野生动物频出。

蓝色的鄂陵湖

在黄河的源头，有一个大湖泊，东西窄，南北长，看起来像一个大葫芦。这里的湖水十分清澈，是深深的蓝色，当地语言称它为"错鄂让"，意思是"青蓝色的长湖"，这就是鄂陵湖。

白色的扎陵湖

在巴颜喀拉山脉的西面，也有一个大湖，叫扎陵湖，东西长，南北窄，看起来像一个大贝壳。当风吹起波浪，扎陵湖的湖面便呈现灰白色，藏语称此湖为"措嘉让"，意思是"白色的长湖"。扎陵湖和鄂陵湖是黄河源头一对最大的淡水湖，被称为"黄河源头姊妹湖"。

黄河穿过扎陵湖和鄂陵湖，但河水不犯湖水，黄河水从湖水中流过，两边的湖水依旧是白色和蓝色。传说很久以前，巴颜喀拉山脉下有一对孤儿兄弟去寻找自己的母亲。他们走啊，走啊，有一天梦见一个人，说他们的母亲是黄河，于是他们又回到故乡，来到黄河源头，变成了扎陵湖和鄂陵湖。

神秘的冰川湖

三江源有很多冰川，冰川移动能将地面掘蚀出坑，当冰川后退时，坑积了水，形成的湖泊叫冰蚀湖。当冰川后退时，沙石也会堆积，形成洼地，冰川消融后的水积在洼地中，形成的湖叫冰碛（qì）湖。

冰蚀湖

冰碛湖

青藏高原

世界上最高的地方

站在"世界屋脊"上

既然三江源国家公园位于青藏高原，那么你一定明白，这里是世界上海拔最高的地方。青藏高原的平均海拔在 4000 米以上，被称为"世界屋脊"。在"世界屋脊"上，矗立着喜马拉雅山脉，这是世界上海拔最高的山脉，山脉的主峰——珠穆朗玛峰"身高"8848 米左右，勇夺世界第一高峰的称号。由于地壳运动永不停止，现在的珠峰每年仍会增高 1 厘米左右。

实在太高大了，鸟都难以飞过去。

只有斑头雁、大天鹅和高山兀鹫能飞过去。

青藏高原

喜马拉雅山脉

印度板块

亚欧板块

青藏高原有多大

青藏高原主要跨越了西藏、青海，还延展到四川、新疆、甘肃、云南的部分地区，以及周边国家的部分或全部。仅在中国，面积就约有 250 万平方千米，差不多是中国陆地面积的 1/4。

很久以前，青藏高原地区还是汪洋大海。由于地壳运动，印度板块和亚欧板块时常碰撞、挤压，最终演化为陆地，并不断断裂、抬升，形成了青藏高原。

45

雪山
戴着冰冠的大山们

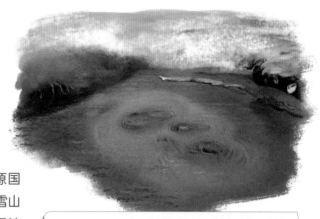

巍巍昆仑山

有了特异的气候，三江源国家公园大概是所有国家公园中雪山最多的一个了。如果你喜欢看神话传说，那你一定知道，昆仑山是中国第一神山，西王母就住在那里。现实中，昆仑山也的确神韵不凡，它不仅绵延 2500 千米，跨过新疆和西藏，迈入三江源，还是一座平均海拔 5500~6000 米的高山，苍莽壮观。

昆仑山的一些冰雪融化后，渗入地下流动，而后上升喷涌而出，其水温在 7℃左右，是一种神奇的不冻泉。

阿尼玛卿雪山

那棱格勒峡谷

昆仑山中的那棱格勒峡谷被称为死亡谷，因为进去的人或动物大多一去不返。这是因为谷中有强磁场，遇到雷雨天，会骤然产生"暴雷"，容易引发霹雳。自然环境导致的其他反应也会给人和动物造成伤害。

阿尼玛卿雪山

阿尼玛卿雪山是昆仑山的一个支脉，由 13 座山峰组成，平均海拔在 5900 米以上。在藏语中，"玛卿"意为"黄河源头最大的山"，"阿尼"是"爷爷"的意思。阿尼玛卿雪山意思是"黄河流经的大雪山爷爷"。

巴颜喀拉山脉

　　巴颜喀拉山脉是昆仑山的一部分，全长 780 千米。这里多雨，牧草长得好，是牦牛和绵羊的天堂，因此被称为"牦牛的故乡"。在唐朝时，巴颜喀拉山口还是唐蕃古道的必经之地。

年保玉则峰

　　年保玉则峰是巴颜喀拉山脉中的最高峰，以海拔 5369 米的"身高"傲视群雄，被当地人视为神山。传说，很久以前，一个猎人从老雕的嘴里救下一条小白蛇。小白蛇是山神之子，老雕是恶魔的化身。后来，年保玉则山神化身白牦牛，和猎人一起杀死了恶魔。为了感谢猎人，山神把小女儿嫁给他，在这里繁衍生息。年保玉则山神被看作果洛藏族的祖先。

丹霞地貌
红色云霞一样的岩层

昂赛大峡谷

昂赛大峡谷

大自然用了亿万年的时间"打磨"出了三江源，如果你沿着澜沧江前行，会发现从山林到草原，澜沧江把它们曲折地勾勒出一个优美的弧度，这就是昂赛大峡谷。

"丹霞"一词源于曹丕的诗句"丹霞夹明月，华星出云间"，意思是红色的云霞。

红色的山崖

顺着峡谷往上看，你会看到山崖陡峭，"梳"着"小平头"；山崖的"长相"也不同，有的像城堡，有的像柱子，有的像塔。再仔细看，它们竟然都"穿"着红色"外套"，这就是丹霞地貌。丹霞地貌为什么是红色呢？这是因为红色岩层由砂岩、砾岩组成，岩层中含有很多高价铁离子，再加上气候等原因，所以呈现出红色。

丹霞地貌

喜马拉雅造山运动

距今 7000 万年 ~ 300 万年的新生代，有一次造山运动。地壳运动使喜马拉雅一带抬升，流水侵蚀将山脉切割成许多奇怪的"小平头"和柱塔状，重力崩塌则形成了陡崖坡。

地壳运动使断层抬升　　河流侵蚀作用使地貌不断变化　　最终形成丹霞地貌

高原气候
真正的"高处不胜寒"

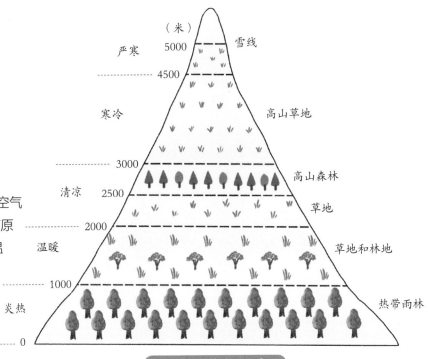

气候植被垂直变化示意图

（米）
严寒 5000 雪线
4500
寒冷 高山草地
3000
清凉 2500 高山森林
草地
温暖 2000 草地和林地
1000
炎热 热带雨林
0

"高个子"为什么冷

　　海拔高的地方更"靠近"太阳，然而，虽然阳光充足，却因空气稀薄，本应该起到保温作用的大气层无法留住热量，所以，青藏高原腹地一年中的平均气温在0℃以下。白天晒人，夜晚冻人，昼夜温差大，气候恶劣的程度和南极、北极差不多，因此也被称为"第三极"。由于气温极低，青藏高原的高山终年覆盖冰雪，仿佛神话世界。土壤中的水分也被冻结成冰，形成了冻土层。

> 　　温度会随着海拔的升高而降低，海拔每升高1000米，气温会下降6℃左右。

> 　　冻土是低于0℃的含有冰的岩石和土壤。为了架设青藏铁路，工程师铺设了片石，插入了热棒，以桥代路，解决了永冻层难题。

风对国外的影响

　　三江源地区寒冷多风，最大风速能达到40米／秒。季风影响极大，科学家们形容：青藏高原天空的每一次喘息，都会让东南亚的天气变一次脸。

生态系统

无数个奇妙的家

神奇的小家

你不要以为三江源国家公园除了雪山就是冰川，其实，这里有丰富的生态系统。什么是生态系统呢？生活在同一个地方的动植物和周围的环境，比如，空气、水、土壤等，构成一个整体，仿佛一个小家，就是一个生态系统。三江源国家公园有很多"小家"，如一片森林、一座山谷、一块草地、一个池塘，"小家"里的动植物相互影响，使"小家"保持稳定。

森林：好像童话

如果你来到三江源国家公园的森林中，和香鼬、塔黄等动植物一起呼吸新鲜的空气，会有童话般的美妙感觉哦！

香鼬

塔黄

森林

湿地

湿地：地球之肾

当陆地向水域过渡时，就可能形成湿地。湿地的生态功能不可替代，被誉为"地球之肾"。三江源地区的地下有冻土层，地表水不易渗透和蒸发，便形成了世界上最高、最大的湿地。如果你想知道有哪些物种生活在这里，不妨请白骨顶鸡、棘豆等动植物给你讲述它们的故事。

棘豆

白骨顶鸡

草原：地球的"皮肤"

　　不要以为草地不起眼，草地的作用很大，它能防风固沙、保持水土，被称为地球的"皮肤"。你认识的藏羚羊、藏野驴、岩羊和牦牛等，都生活在这个生态系统中。

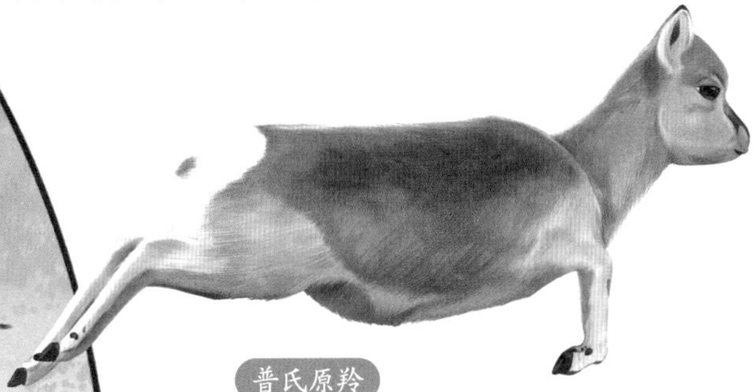

普氏原羚

草原

荒漠

蓝玉簪龙胆

荒漠：干旱的世界

　　在三江源国家公园的昆仑山西部和可可西里的一些地区，还有大片大片的荒漠。为了防止沙化，人们积极保护三江源，使荒漠逐渐减少，草地和湿地增多了。

荒漠猫

砂蓝刺头

民族服饰

穿出来的花样年华

多民族聚居

　　三江源地区是一片神奇的土地，很多少数民族聚居在这里，如藏族、土族、回族等。他们的服饰异彩纷呈，有的头戴披纱，有的身穿彩绣，其中，玉树藏族服饰就很引人注目。

回族服饰

抵御严寒的衣服

　　在寒冷的青藏高原，藏族先民为了保暖，制作了厚重而宽大的藏袍。这种藏袍有肥腰、长袖、长裙，胸前还留出一个口袋一样的空隙存放东西。藏袍穿用方便，当天气炎热时，可以把袖子系在腰间，露出胳膊凉快；当天冷睡觉时，还可以解开腰带，脱下袖子，把衣服铺一半盖一半。

土族服饰

藏袍

　　藏袍可以用普通布料、氆氇（pǔlu）缝制，作为日常穿着；也可以用绸缎缝制，作为礼服。有的女子的礼服边缘，甚至镶上30多厘米宽的水獭皮或虎豹皮，非常华丽。藏袍里面是藏衫，男子一般穿白衬衫，女子穿彩色衬衫。至于裤子，男子大多穿白色，裤腿塞进高腰靴里，酷得很。

藏族服饰

头饰

玉树藏族的男人也可以留长发、梳辫子哦！他们会把头发盘在头顶，用红色缨穗来装饰。女子一般会梳三四十条小辫子，辫梢上缀着珠宝、彩色丝穗，再戴上琥珀球、红珊瑚、绿松石等珠宝。冬天的时候，有些女孩会戴上狐狸皮或羊羔皮做的帽子。

项饰

脖子上也有风光，佩戴以天珠和珊瑚为主，再配以绿松石、白珍珠等。平时，女子只戴一串就可以了，在节日盛装时，要戴 2~8 串呢！

腰饰

玉树藏族人腰间也不能空着，女子要佩戴 2~3 条镂空白银板或白铜板腰带，再挂上镶着珠宝的小佩刀、针匣、奶桶钩等。男人佩带腰刀、弹带、火镰等。

腕饰

玉树的藏族男女会戴手镯。有金银镯、玉镯，还有天珠、珊瑚等宝石串成的手链。男女都戴戒指、耳环，女子两个耳朵都戴耳环，男子则只戴左耳。

哈达是蒙古族、藏族人民作为礼仪用的丝织品。藏族同胞崇尚白色，认为白色象征纯洁、吉祥、正义、善良。洁白无瑕的哈达象征友好的情谊。献哈达是一种崇高的礼节。

美食
舌尖上的生活

酥油茶

用酥油、砖茶、盐等制作，可以御寒保暖，是青藏高原高寒地区流行的热饮。

糌粑

青稞炒熟后磨成面粉，加入酥油茶、奶渣、糖，搅拌均匀，用手捏成团就可以吃啦！

羊羔盖被

把肥嫩的羊羔肉切块爆炒，再将切成块的面饼和花卷放在肉上焖熟。肉中有面，鲜嫩不腻。

青稞酒

用青稞酿成的酒，是藏族人民最喜欢的酒。相传唐朝时文成公主入藏，带来了先进的酿酒技术，经过数千年的发展，青稞酒的酿造方法已经得到长足发展。

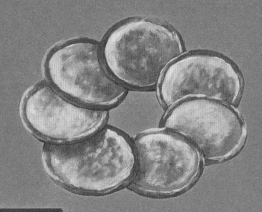

麦索儿

把青色的青稞穗焖熟，然后搓掉谷粒的皮将干净的青稞揉搓成一个个细条，拌上蒜末吃，别有风味。

青稞饼

将青稞磨成面粉，和面发酵（jiào）后，加入菜籽油和香豆末烤熟而成。青稞饼色泽金黄，味道香喷喷的，吃起来酥酥的。

藏族酥酪糕

用黄油、白糖、淀粉、葡萄干等做成，藏族同胞称之为"醍（tí）"。

甜醅

将青稞谷粒去皮，洗去杂质，放在锅里煮熟；冷却后，加入甜醅（pēi）曲，装进坛子密封，三五天后就能吃啦！

青海酿皮

在麦子面中加入蓬灰、温水等，揉成面团，再放入凉水中搓洗，洗出淀粉；将淀粉糊上锅蒸熟，就是"蒸酿皮"；把酿皮切成长条，加入醋、辣油、芥末、韭菜、蒜泥等，吃起来辛辣、凉爽。

建筑
别具一格的民居

帐房

帐房可以拆卸、搬运，是一种"组装房"。建造时，先用木棍撑起框架，框架上面覆盖牦牛毡毯，帐房的四周通过牦牛绳牵引固定在地面上。早先的藏族同胞就这样就地取材建房子。

玛尼旗杆

碉楼

青藏高原山势起伏，有很多石头，于是，一些藏族同胞便搬来石头，依山建房。因为平地太少了，所以，房子都向上发展，大都是2~3层，一层一般养牲畜、家禽，放杂物，二层为卧室、厨房等。如果有三层，那就是一个大凉台了，可以作为经堂或晒台。

土族民居

主房都坐北朝南，卧房里有土炕，炕上摆着炕桌、火盆，全家人平时都在炕上吃饭、休息、接待客人。几乎每家都有庭院，有的立着"玛尼杆"，以辟邪除灾。院中还建有一个宝瓶台，地下埋着宝瓶，有寻求吉祥、和平之意。

格萨尔王
世界上最长的英雄史诗

格萨尔王是谁

格萨尔王是藏族神话传说中的人物。很久以前，在青藏高原上，藏族先民将部落英雄和神话传说结合起来，创作了《格萨尔》，一代代不断丰富，最终形成了有 100 多万诗行、几百个人物的史诗，比古希腊史诗《奥德赛》、印度史诗《罗摩衍那》等还长，雄浑壮丽。尤其令人惊奇的是，它没有文字记载，是依靠一代代人的说唱传到今天的。

> 史诗：一种文学体裁，主要叙述英雄传说或重大历史事件。

格萨尔王

很久以前，青藏高原上有一个叫"岭"的国家，部落里有一个穷苦人家的男孩，叫觉如。觉如十分聪明，他的叔叔多次挑拨离间迫害他，都被他化险为夷。觉如10多岁时，部落举行赛马大会，觉如赢了其他人，得到了王位，尊号为格萨尔王。

当时有很多妖魔鬼怪作乱，格萨尔王为了让大家过上安宁的生活，开始南征北战，消灭了魔王，降伏了入侵者。

格萨尔王又征服了很多残害生灵的大小部落，使百姓过上安稳富足的生活。之后，格萨尔王去了天界。原来，他本是天神之子，受命下凡，就是为了惩处妖魔、拯救人间。

赛马会

格萨尔王因赛马而称王，赛马会也成为藏族同胞彰显英雄气概、追忆先人的盛会。每年夏天，在玉树的草原上，都会举行赛马会。

赛马会一般伴随粗犷豪放的音乐和热闹的歌舞。人们骑着骏马你追我赶，不仅比谁骑马快，还要在奔驰的马背上比试射箭、射击，有人甚至能弯腰拾起地上的哈达！还有人能在跑马上倒立、悬着身体。

藏戏
藏文化的"活化石"

阿吉拉姆

很久以前，雅鲁藏布江像一个吃人的猛兽，水流湍急，过往船只经常被打翻，很多人被淹死了。于是僧人唐东杰布想修一座桥，让百姓能安全过江。他偶然结识了 7 位能歌善舞的姑娘，便把她们组成戏班到各地进行表演，把赚来的钱用于修桥。人们把这种表演称为"阿吉拉姆"，就是"仙女姐妹"的意思，这就是藏戏的起源，比京剧早400 年诞生。

亲民的艺术

藏戏没有繁缛的程序，山野田地均可表演。从头到尾只有一套衣服，表演者也不化妆，乐器也很简单，也可以没有乐器，甚至不需要舞台，草原上随时可以表演，只不过，大多需要戴面具。藏戏可以表演好几天，也可以表演一会儿，非常灵活。

藏戏也叫"面具戏"，不只人要戴面具，一些动物角色也要戴。
现在的藏戏以蓝面具为主，其实，藏戏的面具有很多种颜色呢！

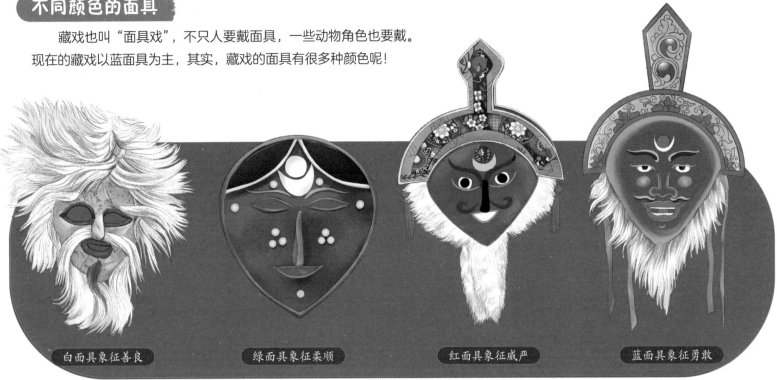

白面具象征善良　　绿面具象征柔顺　　红面具象征威严　　蓝面具象征勇敢

黄面具象征吉祥　　半黑半白面具象征两面三刀　　青面獠牙面具象征压抑、恐怖

说唱与歌舞
古老的文化遗产

折嘎

手拿五色棍，头戴大面具，步伐矫健……这是在做什么？这是藏区的一种古老的说唱表演——折嘎。表演者还怀揣着一个大木碗，据说在很久以前，折嘎是一种乞讨时的说唱表演。折嘎有说、有唱、有舞蹈。一般是先夸奖自己的木棍、木碗等，然后再即兴创作。艺人们口齿伶俐，被誉为不识字的"作家"。

在藏语里，"折"是"果实"的意思，"嘎"寓意"洁白"。"折嘎"的意思就是"洁白的果实"或"吉祥的果实"。演唱折嘎代表送吉祥、传好运。

跳欠

跳欠也是一种戴面具的表演，只不过面具都是大号的立体面具，仿佛大头娃娃。表演者穿着五彩斑斓的衣服，迈着夸张的步伐，动作缓慢，就像是在播放着一个个慢镜头。其实，跳欠是一种祈福仪式，已经有 280 多年的历史啦！

玉树民歌

　　一望无际的草原上，男女老少聚集在一起，欢快地唱歌跳舞，还能以歌会友，这就是玉树民歌。

　　玉树藏族民歌中有3种民歌最为典型。第一种是勒，用于自由抒发自己的情怀；第二种是拉伊，是一种情歌；第三种是闯勒，是表达勇敢和力量的游侠歌、英雄歌。

锅庄舞

　　三江源玉树地区的藏民们，会跳一种叫"卓"的舞蹈。"卓"在藏语中是"圆圈舞蹈"的意思，音译成汉语就是"锅庄舞"。这种舞蹈的前身在原始时代就有了。跳舞时，大家手拉手，围成一个大圈。舞蹈先慢后快，甩起的长袖就像内心的喜悦之情，自由飞扬。

　　锅庄舞即卓舞，它是对家乡、大自然的歌颂。在藏族同胞看来，天地形成的时候，"卓"也形成了。至今，锅庄舞中仍然保留着许多远古时代的痕迹。

　　相传在古代，藏族同胞修建第一座寺庙时，白天刚修好的墙，夜里就会被妖魔毁掉。于是人们用舞蹈来迷惑妖魔，这种舞蹈就是锅庄舞的前身。

节日
璀璨的藏历年

办年货啦

　　你肯定爱过年，因为你会有很多好吃的和好玩的。在三江源地区，藏族同胞也有自己的年节。藏历新年来临之前，人们要准备年货，还要把牛头、羊头切块，藏族同胞认为，过年不吃牛羊头，等于没有过年。

美好的祈盼

　　藏族同胞会准备"切玛"——一个五谷丰收斗。斗盒里一头放麦粒或熟青稞，一头放酥油糌粑，上面插上青稞苗，插上"孜卓"，就是酥油花，以表祥瑞；还要准备"德嘎"，就是垒起来的油炸面食。藏族同胞认为羊是吉祥之物，因此，有的人家还用酥油雕塑彩色羊头，藏语称"隆过"，祈盼丰收、兴旺。

切玛

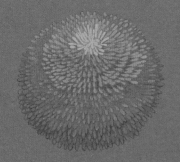

一起制作一尊酥油花吧
1. 用草束、竹竿等，扎成骨架。
2. 反复捶打酥油成酥油泥后，裹在骨架上。
3. 用颜料上色。

酥油容易溶化，制作时，要在很冷的环境中，身边还要放着冰水，时不时把手浸在冰水里降温。

酥油花

经幡

古突

藏历十二月二十九日这天，要在天黑前回家，和家人一起吃"古突"，相当于汉族春节的年夜饭。"古突"的意思是腊月九粥，就是用五谷、肉、人参果、奶渣、水果等9种食材熬成的粥，每人要喝上9小碗。

古突

经幡和煨桑

大年初一，开始拜年啦。大年初三，还要更换屋顶上的经幡。经幡由蓝、白、红、绿、黄五色布制成，寓意蓝天、白云、红火、绿水、黄土之意，上面印有经文。此外，还要煨（wēi）桑敬神。煨桑就是把松柏枝点燃，撒上糌粑、茶叶、青稞等，然后用松柏枝蘸水，向烟火挥洒3次祈福。

煨桑

艺术
活色生香的美

唐卡

唐卡是一种卷轴画，内容涉及藏族信仰、医学、天文、历史等，有"藏文化百科全书"之称。绘画唐卡有非常严格的要求，一幅唐卡就可能需要几年时间才完成。

唐卡所用颜料多为矿物质，如朱砂、青金石、孔雀石、黄金等，还有一些植物颜料，如藏红花、蓝靛等，另有珍珠、贝壳等。这些颜料使唐卡能够在几百年的岁月中不会褪色。

土族盘绣

三江源地区生活着很多少数民族，其中包括土族。土族有一种盘绣，要用红、黄、绿、蓝、桂红、紫、白7种颜色的线绣成，色彩独特。

安冲藏刀

安冲藏刀样貌惊艳，刀柄上镶嵌着金、银、紫铜、黄铜、珊瑚和绿松石等，人们用自制的羊皮袋给火炉吹风，手工打造出来，一把小刀要十几天才能做好。

玛尼石

藏族同胞认为牢固不变之心如同"石上刻的图纹"，于是，他们用刀在石头上刻写经文、佛像和吉祥图案等，以此祈望吉祥如意。"玛尼"是"唵嘛呢叭咪吽"的简称。对于旅行者来说，玛尼堆则像路标一样，能在人烟稀少的高原上给他们指示方向。

藏医药
不一样的科学

独特的医学体系

藏医是藏族同胞发展起来的一种医学，以灸、敷、浴为主。灸，包括火灸；敷，包括热敷、盐敷等，都是通过刺激病痛部位来进行治疗；浴，包括头浴、药浴等。你一定还记得，三江源地区孕育了很多"身份"不简单的植物，其中很多都可入药。进行药浴时，可以把植物放进水里，让病人在花花草草中泡个澡，既舒服又能治病。

放一点点血

放血疗法就是通过放出少量的血液来治疗疾病。但体质虚弱的人是禁止使用的，比如，12 岁以下的儿童和 70 岁以上的老人。

灸

浴

敷

历史名人

时光长廊里的回音

文成公主

文成公主是唐朝宗室之女，13岁时，命运发生了改变。

当时，青藏高原上有一个叫吐蕃的政权，赞普（吐蕃王）是松赞干布，他派出使者去见唐太宗，提出要娶唐朝公主，唐太宗便把一位宗室之女封为公主，将她嫁给松赞干布，她就是文成公主。

公主15岁时，在唐军的护送下，带着珍宝、农作物种子、经典古籍、医药及器械，还有各行业的工匠，从长安出发，开始了艰苦跋涉之旅。由于道路崎岖、环境恶劣，走了近3年时间才抵达终点。

路上，文成公主曾在三江源地区滞留，把先进的农耕和手工业技术教给当地藏族同胞。人们为纪念她，在玉树建造了文成公主庙。

松赞干布前往三江源的扎陵湖和鄂陵湖（二湖古称柏海），迎接文成公主。二人在黄河源附近的扎陵湖会合，不久，一同回到吐蕃都城——拉萨。

文成公主博学多才，促进了吐蕃的文明发展，巩固了唐朝边防。在她入藏之后的200多年间，吐蕃和唐朝往来频繁。

松赞干布

松赞干布的父亲是吐蕃首领，从小让他学习骑射、诗书等。松赞干布聪慧、沉毅，为人慷慨，能即兴赋诗。

吐蕃发生叛乱时，松赞干布的父亲遇害，在这风雨飘摇的时候，年仅12岁的松赞干布在一些大臣的支持下，平定了叛乱，坐稳了吐蕃王之位。

之后，松赞干布迁都拉萨。他爱惜民生，鼓励生产，创造了牛羊遍野、马匹肥壮、农田纵横的盛景。后来他还让人创造了藏族文字。

随着国力强盛，松赞干布最终统一了青藏高原。

松赞干布仰慕唐王朝，想要求娶唐朝公主。最初，唐太宗没有同意。松赞干布于是率兵直逼唐朝松州（今四川松潘），扬言若不和亲，便大举入侵。唐军击败了吐蕃军，但吐蕃的实力也让唐太宗印象深刻，当吐蕃使者前来谢罪，并再次请婚时，唐太宗便允诺把文成公主嫁给松赞干布。

松赞干布成了唐朝驸马，唐高宗时，他曾献出15种金银珠宝给朝廷，促进了汉藏交流。但没过几年，松赞干布就去世了，终年34岁。

神话传说

聆听另一种声音

哈拉射日

传说天地初开时，人间的王是一只哈拉。哈拉是旱獭的意思。旱獭有百发百中的射箭技能，然而他却将人类当成靶子来射杀。

那时候，天上有9个太阳，大地被烤得火热。一个叫莲花生的神决定让哈拉发挥自己的作用，并且不再伤害人类。他对哈拉说，如果哈拉能将9个太阳射下来，就认可哈拉是真正的射箭大王；如果没有射下9个太阳，以后就不能射杀人类。哈拉自信地应下了这个赌约。

哈拉一口气把天空中的太阳都射下来了。由于射得头晕眼花，他没有发现莲花生偷偷藏起了一个太阳。当莲花生拿出藏起来的那个太阳时，哈拉大吃一惊，只能认输，发誓不再杀害人类。

从此以后，人类开始繁衍生息，天上也只有一个太阳。

很久以前，在三江源地区，传说有一位圣人——石巴老人，他教会了大家农耕。然而，粮食多了，大家都不把粮食当回事了，开始浪费粮食，甚至有人用酥油和泥做锅台和牛羊圈。

看到大家如此不爱惜粮食，石巴老人非常心痛。他想了一个办法，将一年分为了四季。这样一来，大家开始明白春夏秋冬之分，清楚地意识到，庄稼只有半年的时间可以生长，此后就会凋谢，不生长了。

于是，大家在秋天收获之后，开始在冬天储存粮食，等到来年春天时再播种新的庄稼，就这样过起了勤俭节约而有计划的日子。

71

农夫和熊

三江源地区还流传着一个"农夫和熊"的故事。

从前有一个农夫，在砍柴时看见一头掉进深坑的熊，熊请求农夫救救它。善良的农夫救出了熊，熊却恩将仇报，说坑是农夫挖的，自己才会掉在里面，它要吃掉农夫。农夫提议，请别的动物主持公道，如果它们说不能吃，熊就不能吃自己。熊答应了。

农夫先向羊和牦牛求助。可是，羊和牦牛都觉得，自己为主人付出了很多，年老了却要被宰杀，这种不公平让它们拒绝帮助农夫。

带着最后的希望，农夫找到了兔子。兔子听完以后，提议回到深坑那里弄清来龙去脉。

来到坑边，兔子对熊说："你之前是怎么站在坑里的，先给我看看。"熊听完，便跳了下去。

兔子又问农夫是怎么走过来的，并且让农夫就像之前一样走路。

这下子，熊又回到了深坑，农夫也没有救熊，任凭熊怎么呼叫，再也没人救它啦！

完德和菩提

很久以前，寺庙里需要很多菩提叶，但在当时，必须到印度去取菩提叶。寺庙里有一个叫完德的僧人，被指派 3 个月内运回树叶。

由于完德经常听各种动物们说话、唱歌，他也学会了动物们的语言。有一次，他救了几只幼鸟，大鸟为了感谢他，用了三天三夜，衔回了 10 万片菩提叶。可是，这么多树叶，要怎么拿回寺庙呢？

完德无意间听到喜鹊说，有一个富人的妻子生病了，不论什么人医治，都没治好……其实，富人家里有两座石碑，一座石碑下面有红蚂蚁，一座石碑下面有白蚂蚁，先用红蚂蚁咬死虫子，再用白蚂蚁拉出虫子，病就能治好了。完德赶忙按照喜鹊的说法去做，果然医好了富人妻子的病。

他拒绝了富人给他的金银财宝，只让富人派些人，把菩提叶运回了寺庙。

图书在版编目（CIP）数据

你好，国家公园 . 三江源国家公园 / 文小通著 ; 中
采绘画绘 . —— 北京 : 光明日报出版社 , 2023.5
ISBN 978-7-5194-7128-6

Ⅰ . ①你… Ⅱ . ①文… ②中… Ⅲ . ①国家公园 – 青
海 – 儿童读物 Ⅳ . ① S759.992-49

中国国家版本馆 CIP 数据核字 (2023) 第 072145 号

你好，国家公园·三江源国家公园
NI HAO，GUOJIA GONGYUAN·SANJIANGYUAN GUOJIA GONGYUAN

著　　者 : 文小通		绘　者 : 中采绘画	
责任编辑 : 谢　香　徐　蔚		责任校对 : 傅泉泽	
特约编辑 : 禹成豪		责任印制 : 曹　净	
封面设计 : 李果果			

出版发行 : 光明日报出版社
地　　址 : 北京市西城区永安路 106 号，100050
电　　话 : 010-63169890（咨询），010-63131930（邮购）
传　　真 : 010-63131930
网　　址 : http://book.gmw.cn
E – mail : gmrbcbs@gmw.cn
法律顾问 : 北京市兰台律师事务所龚柳方律师
印　　刷 : 河北朗祥印刷有限公司
装　　订 : 河北朗祥印刷有限公司
本书如有破损、缺页、装订错误，请与本社联系调换，电话 : 010-63131930
开　　本 : 250mm×218mm　　　　　　　印　　张 : 22.25
字　　数 : 250 千字
版　　次 : 2023 年 5 月第 1 版
印　　次 : 2023 年 5 月第 1 次印刷
书　　号 : ISBN 978-7-5194-7128-6
定　　价 : 236.00 元（全 5 册）

会 讲 故 事 的 童 书

你好，国家公园

东北虎豹国家公园

文小通 著　中采绘画 绘

光明日报出版社

走进国家公园

国家公园（National Park）是指由国家批准设立主导管理，边界清晰，以保护具有国家代表性的大面积自然生态系统为主要目的，实现自然资源科学保护和合理利用的特定陆地或海洋区域。

世界自然保护联盟则将其定义为：大面积自然或近自然区域，用以保护大尺度生态过程，以及这一区域的物种和生态系统特征；提供与其环境和文化相容的精神的、科学的、教育和游憩的机会。

走进国家公园的"走进"一词，与一般的行走与进入不可相提并论，它威严、慈爱而神圣，它让人有进入别一种世界的感觉，它是在回答"你从哪里来"的所在，它是我们所有人难得的寻根之旅。它内涵有庄重的仪式感——仰观俯察，上穷碧落宇宙苍茫，敬畏天地之心顷刻油然而生；虎啸豹吼，震动山林草木凛然，生命之广大美丽能不让人境界大开？当可可西里的湖泊，宁静而悠闲地等候着藏羚羊前来饮水，当藏羚羊自恋地看着湖水中自己的倒影，会想起诗人说："等待是美好的。"这些藏羚羊，它们在奔跑中生存、生子，延续自己的种族，它们寻找着荒野上稀少的草，却挤出奶来；对于生存和生命的观念，它们和人类大异其趣，孰优孰劣？可可西里不语，藏羚羊不语，野湖荒草不语。人有愧疚乎？人有所思矣：对人类文明贡献最大的是水与植物，"水善下之，利万物而不争"，植物永远是沉默的，开花也沉默，结实也沉默，被刀斧霸凌砍伐也沉默。它默默地组成一个自然生态群落的框架，簇拥着高举在武夷山上，为人类的生存发展，拥抱着、守望着所有的生物——从断木苔藓到泰然爬行的穿山甲，到躲在树叶背后自由鸣唱的各种小鸟，其羽毛有各种异彩，其声音极富美妙旋律，这里是天籁之声的集合地，天上人间是也。

亲爱的孩子，你要轻轻地轻轻地走路，万勿惊扰了山的梦、树的梦、草的梦、花的梦、大熊猫的梦……你甚至可以想象：它们——国家公园的梦是什么样？

徐　刚

毕业于北京大学中文系，诗人，作家，当代自然文学写作创始人，获首届徐迟报告文学奖、冰心文学奖（海外）、郭沫若散文奖、报告文学终身成就奖、鲁迅文学奖、人民文学奖等

目录

自然生态

历史人文

东北虎豹国家公园

公园境内有 7 个自然保护区、3 个国家森林公园、1 个国家湿地公园、1 个国家级水产种质资源保护区

位于吉林、黑龙江两省交界处，地处长白山支脉老爷岭南部区域，其东部、东南部与俄罗斯接壤，西南部与朝鲜相邻

总面积 1.41 万平方千米

海拔 1500 米以下

土壤约有 9 类

河流均为水系支流的源头，分属图们江、绥芬河、乌苏里江、牡丹江 4 大水系

分布有高等植物 150 科 406 属 666 种

野生脊椎动物 270 种，包括哺乳类 43 种，鸟类 190 种

居民有汉族、朝鲜族、满族、回族等

已探明的金属和非金属矿藏 90 余种

我说，今儿你们都写作业了吗？在我跟前可要乖一点儿，我可是东北深山老林里的王，是又有颜值又有实力的东北虎——幼崽！现在，人类建了东北虎豹国家公园，专门保护我和我的小跟班，有空的话，你们就跟着大王我去巡山吧！当然啦，没空也得去，都跟上！

东北虎

孤独的百兽之王

物种身份证

姓名： 东北虎
别名： 西伯利亚虎等
纲： 哺乳纲
目： 食肉目
科： 猫科
现状： 濒危

来自极寒地带

东北虎是地球上古老的物种，至今已经进化了 300 万年左右，分布于亚洲东北部。在中国，东北虎主要生活在东北。在 100 多年前，人们在山中经常与东北虎"邂逅"，如今，野生东北虎只剩下寥寥的几十只了。

独一无二的斑纹

东北虎最令人瞩目的，就是那一身耀眼的斑纹了。其实，这是它们的"伪装"，当它们在山林和草丛中出没时，这种拟色能让它们躲过猎物的眼睛。夏季，它们的"外套"是油亮的橙红色；天冷后，就逐渐变得黯淡。但不管色彩怎么变，斑纹的形状都不会变。每只东北虎的斑纹都是独一无二的，就像你的指纹一样，可以证明身份。

悄无声息的"巨猫"

东北虎是体形最大的猫科动物之一。论体形，雄虎体长 2.5 米左右，雌虎 2 米左右，还不算 0.8~1 米长的尾巴！论重量，雄虎大约 250 千克，雌虎大约 170 千克，个个都是庞然大物。不过，它们走起路来却轻盈矫捷、悄无声息，还会留下梅花一样美丽的爪印。通过测量"梅花印"的尺寸就可以推测这只东北虎的个头儿。

东北虎豹国家公园隐藏着很多"眼睛"，这就是安装在公园各处的红外相机。有了这些相机，工作人员就能知道公园里有多少动物，以及它们的分布和"日常生活"了。

你为啥不合群？

神秘的独行侠

东北虎喜欢"流浪"，没有固定的"家"，过着随遇而安的生活。雌虎生下幼崽后，会带着"虎娃"们一起生活两年左右。野生东北虎的寿命只有15~17年。

因为我是王。

我的地盘我做主

成年雄虎的领地有600~800平方千米，彼此之间几乎不重叠；雌虎的领地有300~500平方千米，相互间会有少量重叠地带。俗话说，"一山不容二虎"，东北虎的地盘意识很强，它们会留下排泄物或者在地上刨土、在树上留下抓痕，作为标记领地的记号。

顶级捕食者

捕猎时，东北虎通常会偷偷潜行到猎物附近，然后，趁其不备来一招"猛虎下山"，扑倒猎物……即使猎物逃跑了，凭借每小时70千米左右的速度，它们可以追上大部分猎物。它们捕食最多的是野猪、鹿等。遇到战斗力超群的棕熊，东北虎也可能被"反攻"。

东北豹
能爬树的全能猎手

我不介意。

物种身份证

姓名：东北豹
别名：远东豹等
纲：哺乳纲
目：食肉目
科：猫科
现状：极危

我超重了。

我想有个"家"

从平原到海拔 3600 米左右的高山上，都能找到东北豹的踪迹。东北豹也是独居的"大佬"。雄豹的领地大约 300 平方千米，雌豹的领地约 100 平方千米。不过，东北豹不像东北虎那样喜欢游荡，它们会在树丛、灌木丛或者岩洞里定居。

东北豹的"身份证"

为了在野外更好地隐蔽，东北豹自备"伪装外套"——一身黑色斑点。斑点很像中间有孔的古钱币，所以也叫金钱豹。由于斑纹"外套"看上去别有一番华贵的韵味，这种花纹被搬上时尚舞台。每只东北豹的斑纹都是不一样的，这是它们的"身份证"。

运动健将

东北豹只有东北虎一半大小，奔跑时速可达 70~90 千米。就算和东北虎赛跑，获胜的机会也不小呢！东北豹的爪子可以随意伸缩，非常锐利，这让它们发明出一项看家本领——上树。捕猎时，东北豹会潜伏在树丛、草丛中，或者爬到树上隐蔽起来。一旦目标靠近，它们就会闪电一般蹿出，发起进攻。

多样化食谱

鹿和野猪都在东北豹的"食谱"上，但野猪要排在鹿的后面，毕竟野猪也不是好惹的。它们也经常向狐狸、野兔等下手，有时也会捕捉鸟类换个口味。

在树上进餐

捉到鹿等猎物后，东北豹会拼命把猎物拖到树上，安静地享用，这样就不会有动物跟它们抢夺了。如果一次吃不完，它们还会把猎物挂在树上，下次再吃。这可是辛辛苦苦抓到手的，浪费了多可惜！

虎兄豹弟会打架吗

东北虎和东北豹习性相近，胃口也差不多，它们会不会为争夺地盘打起来呢？如果打起来谁更厉害呢？虎兄豹弟会怎么相处，目前还不知道。但可以确定的是，它们都是"旗舰物种"，对维护生态平衡很重要。

要保护好东北虎和东北豹，就要保护好它们的"口粮"——野猪和鹿等动物；要保护好野猪和鹿这些动物，就要保护好花草树木。这样，公园的生态系统就会良性循环。所以说，它们是"旗舰物种"。

黑熊

高度近视的"大块头儿"

物种身份证

姓名：黑熊
别名：狗熊、月熊等
纲：哺乳纲
目：食肉目
科：熊科
现状：易危

"黑瞎子"不瞎

在东北，黑熊还有一个昵称——"黑瞎子"。"黑瞎子"是指黑熊天生高度近视，十几米外就看不清楚了。好在它们的嗅觉和听觉非常灵敏，几百米以外的气味都能闻见；100米远的地方有人走动，也逃不过它们的耳朵。

自备"白餐巾"

黑熊体格强壮，雄性可达近 200 千克，还能像人一样直立行走，当它们站起来时，比一个 1.8 米的大汉还要高一些。这时，你还会看到它们胸前有一块月牙状的白纹，宛如一个黑衣食客系了一条白餐巾，真的憨态可掬。

爱吃蜂蜜的"大块头儿"

别看黑熊长得腰肥腿壮的，它们可不只是肉食主义者。黑熊更偏爱嫩草、浆果、坚果、蘑菇、苔藓……尤其是甜甜的蜂蜜，最合它们的胃口。冬天，黑熊会钻到树洞、山洞或土坑里，开启睡眠模式，不吃不喝地睡上 5 个月左右。为了减少能量消耗，冬眠时的黑熊心跳会放缓，体温会降低。

榛子

棕熊
大马哈鱼的"克星"

物种身份证

姓名： 棕熊
别名： 灰熊、马熊等
纲： 哺乳纲
目： 食肉目
科： 熊科
现状： 无危

马熊来了

如果说黑熊是东北虎豹国家公园的熊老弟，那么熊大哥非棕熊莫属。棕熊又叫马熊，雄性棕熊能长到300多千克，高大健硕。棕熊看起来笨重，其实是灵活的胖子，每小时能跑40千米，和快马的速度不相上下。

并非所有的棕熊都是棕色的，有一种棕熊是黑色的，常被误认成黑熊。要分清它们其实很容易，看看它们的胸前——黑色棕熊可没有系"餐巾"哦。

这是俺的地盘

棕熊喜欢独居，领地意识强。它们会啃咬树干或背靠大树蹭来蹭去，在树上留下自己的气息，借此警告同类："这是俺的地盘！"

抓鱼去喽

棕熊也是杂食动物，但比黑熊能吃肉。棕熊的眼力也不差。秋季，大马哈鱼成群结队地由海入河，棕熊会早早地等在河边，用爪子扑打、捕食水里路过的大马哈鱼。

马鹿
马一样俊美的鹿

为什么叫马鹿

在鹿科大家族中，马鹿体格最大，身长 1.8 米左右，像骏马一样高挑，所以被称为马鹿。马鹿身上有一些白色小点，但不如梅花鹿的"梅花"明显，远看就是均匀的红褐色，更像一匹马。

马鹿的一天

每天，母鹿会带着小鹿觅食，成年公马鹿则独来独往。它们喜欢到灌木丛中觅食，依靠繁密枝叶的遮蔽，躲避虎、豹、熊、狼等天敌。有时还会舔食湿地，甚至吃烂泥，它们可不是饿疯了，而是为了摄取泥里的盐。

梅花鹿：野外逃生高手

梅花鹿身上有梅花似的斑点，故而得名。它们一般生活在森林边缘和山地草原地区，偏爱葛藤、何首乌、明党参、草莓等食物。梅花鹿视力不好，胆子也小，但跑得快，善于跳跃和攀岩，是野外逃生的高手。

如果马鹿吃不到足够的盐，就会没精打采，皮毛也会失去光泽。

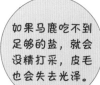
我太理解了，我每次没写完作业都这样。

狍子

以傻著称的"高智商"

不知道跟丢了没有？

物种身份证

姓名：狍子
别名：矮鹿等
纲：哺乳纲
目：偶蹄目
科：鹿科
现状：无危

为什么叫"傻狍子"

为什么有"傻狍子"之称呢？据说这是因为狍子好奇心很重，听到人声，会回头观望；遇到虎、豹等天敌追赶时，也会中途停下，甚至往回走，确认有没有甩掉捕猎者。其实狍子会停下来，一来是捕猎者距离非常远，二来是要休息一下。

一害怕就"炸毛"

狍子其实是一种鹿，与众不同的是，它们的屁股上有一团"心"形白毛。狍子受到惊吓的时候，会翘起尾巴，让内侧的白毛"炸开"，这可不是因为被吓傻了，而是用来警示，提醒同伴小心；同时，也为了逃跑时作为标记，让同伴一个一个都跟得上；此外，还能迷惑敌人，分散天敌的注意力。所以，狍子的智商并不低哦。

盛产"双胞胎"

鹿一般一胎只生一个幼崽，而狍子往往能一次生下双胞胎，甚至三胞胎。狍子长得也比一般的鹿快，一两岁就"长大成人"了。狍子喜欢吃嫩草、枝叶，也会啃树皮，还能吃地衣、苔藓等，从不挑食，适应能力极强。

野生动物补饲点

狍子也离不开盐。东北虎豹国家公园设立了很多补饲点，为狍子等动物提供无机盐和越冬的食物。

15

原麝
行走的香囊

这背带裤太时尚了。

不然，我给你画一个背带裤？

物种身份证

姓名：原麝
别名：香獐子等
纲：哺乳纲
目：偶蹄目
科：麝科
现状：易危

帅气的"背带"

原麝小巧玲珑，成年后也只有十几千克重，和一只中等大小的山羊差不多。修长的脖子上有两条白色的条纹，一直延伸到前腿根，就像穿着时髦的"背带裤"，时髦又帅气。原麝没有角，但雄性会长出两颗细长的獠牙，与食草动物的身份很不相称。其实，这两颗獠牙没什么杀伤力，只能起到吓唬作用。

麝香究竟是什么

雄性原麝腹部有一种囊状腺体，能分泌名贵中药麝香。提供麝香的任务现在已交给人工饲养的原麝，野生原麝只要独自芬芳就好啦！

住在悬崖上

原麝蹄子坚韧，不怕碎石和崎岖的山道，哪怕在悬崖峭壁上行走也如履平地，因此，它们可以在岩石的缝隙间安家。它们吃各种浆果、蘑菇、落叶、枯枝等，还吃蛇莓、银莲花等中草药。

银莲花

蛇莓

獐子

獐子：最原始的鹿

原麝经常被人叫作香獐子。其实，獐子和原麝是两种不同的动物。獐子是最原始的鹿科动物，脖子上没有长条纹，也不能分泌出香味。

野猪

奋发有为的"吃货"

物种身份证

姓名：野猪
别名：山猪等
纲：哺乳纲
目：偶蹄目
科：猪科
现状：无危

远古巨猪

剑齿虎

气场要够强

野猪的远古先祖巨猪十分强悍，连剑齿虎也要敬三分。今天的野猪战斗力大不如前，但气场十足，有 90~200 千克重、1.5~2 米长，雄猪还有两对长约 6 厘米的獠牙，像牛角一样从嘴巴里龇出来，一看就让人胆战心惊。

晚生了几千万年。

你有什么遗憾吗，野猪先生？

铠甲要够厚

野猪的皮很厚，差不多是家猪的 1.5 倍。野猪似乎还不满意，经常在松树上、岩石上蹭，在身体两侧蹭出老茧，把松脂也糊在身上，犹如披上了一件厚厚的铠甲。

耐力要够足

虎、豹、熊、狼等，都是野猪的天敌，如果野猪的獠牙和"铠甲"不顶用，就只好"三十六计跑为上"了。野猪跑起来时速可达 40 多千米，而且很有耐力，可连续奔跑 20 千米。

胃口要够好

嫩叶、果实、菌菇、草根等，野猪都来者不拒。它们嗅觉灵敏，果实有没有成熟，一闻就知道。就算 2 米深的积雪下埋着菌菇、坚果，也逃不过它们的鼻子。而且它们的鼻子能化身"挖掘机"，把美食从地下拱出来。

伶鼬
世界上最小的"杀手"

物种身份证

姓名：伶鼬（yòu）
别名：银鼠、白鼠等
纲：哺乳纲
目：食肉目
科：鼬科
现状：无危

萌哒哒的长相

伶鼬身体修长，只有成年人的手掌大小。夏天，它们穿着褐色或咖啡色"外衣"，露出白色的肚皮；冬天，它们换上一身"白衣"，完美地隐藏在雪地里。它们会时常把身体立起来四处张望，打探周围的情况。

凶巴巴的性格

伶鼬是世界上最小的肉食动物，生性凶猛，喜食老鼠、野兔等。你想想，它们能抓住野兔，速度得有多快！它们的弹跳力也十分惊人，如果小鸟飞得离地面近些，就可能沦为它们的"点心"。遇到狐狸、黄鼬等天敌，伶鼬就拿出看家本领，扔一枚"臭弹"——肛门两侧的臭腺分泌的臭味，即便不能转败为胜，能趁机逃跑也好啊。

黄鼬："臭烘烘"的家伙

名气最大的鼬科动物大概要数黄鼬，也就是黄鼠狼。黄鼬的臭腺分泌出的液体臭不可闻，还有毒。都说黄鼠狼爱吃鸡，其实它们最喜欢的还是老鼠、野兔，也会猎杀近亲伶鼬。

白鼬：拖着一把"扫帚"

白鼬比伶鼬稍大，也会随季节而"换装"：夏季背面为灰棕色，肚子为白色；冬季通身变成白色，只有尾巴尖是黑色的。因为尾巴像拖着一把扫帚，所以又叫扫雪鼬。

紫貂
林海雪原的精灵

物种身份证

姓名： 紫貂
别名： 黑貂、林貂、貂鼠等
纲： 哺乳纲
目： 食肉目
科： 鼬科
现状： 无危

不是紫色的貂

虽然名字叫紫貂，紫貂的毛却呈棕黑色或褐色，浓密保暖，油光水滑。正是这身纯天然"皮衣"，让它们专拣林海雪原安家落户。紫貂的大小和家猫差不多，是水陆空全能的猎手，会游泳，会爬树，一跳有 2 米远。紫貂一般把家安在树洞、石洞或树根下，巢穴里面划分出卧室、厕所、仓库等空间。卧室里铺着草、羽毛、兽毛等；仓库存放着鸟蛋、坚果和一些风干的肉等。天寒地冻打不到猎物的时候，紫貂也不怕饿肚子。

（黄喉貂）

紫貂

黄喉貂：爱吃蜂蜜的蜜狗

黄喉貂也是鼬科成员，喜欢吃蜂蜜，又叫蜜狗。黑黑的小脸、黄色的"围脖"，是它们的标志。它们只有半米多长，却生性凶狠，能捕杀紫貂，甚至能猎捕鹿和麝等。

狗獾：偷西瓜的猹

狗獾（huān）是鼬科中体形较大的一种，有 50~70 厘米长，身头部有黑褐相间的条纹，很好辨认。狗獾经常捕食小鱼、青蛙等，也会偷吃玉米、花生等。有学者认为，狗獾就是《故乡》中偷吃西瓜的猹（chá）。

狗獾

虎头海雕

傲视大地的王者

物种身份证

姓名：虎头海雕
别名：虎头雕等
纲：鸟纲
目：隼形目
科：鹰科
现状：易危

和虎有什么关系

有一种海雕，头部是暗褐色，还有一道道条纹，和老虎斑纹类似，因此叫虎头海雕。除了"虎头"，它们还有老虎的"喉咙"，叫声深沉，有威慑力，若山林虎啸。虎头海雕身长可达 1 米，翅膀张开有 2 米多，威风凛凛。

山的味道，海的味道，天空的味道

虎头海雕喜欢在水边栖息，捕鱼时，它们会飞到离水面六七米的低空，用弯钩一样的尖嘴、铁索一般的利爪，捕猎游鱼。它们也会猎食大雁、野鸭、天鹅、野兔、狐狸等。可以说，"山的味道""海的味道""天空的味道"，它们都尝遍了。虎头海雕恋旧，即使老巢破损，它们也不筑新巢，而是修补老巢。由于反复修补，巢越来越重，有时会把树枝压断。

白尾海雕：雄姿勃发

白尾海雕比虎头海雕略小，它们一身褐色羽毛，只有尾巴为纯白色。白尾海雕常常和虎头海雕争食，虎头海雕也总要让它三分。

花尾榛鸡

不爱飞的"飞龙"

不合格的飞行家

东北虎豹国家公园不仅卧虎，还藏龙呢！这种"龙"叫"飞龙"，学名花尾榛鸡。虽然是鸟类，但花尾榛鸡更喜欢像鸡一样在地上奔跑。即便遇到危险，它们也经常先助跑几步，再腾空而起。

悠闲的美食家

每天拂晓时分，花尾榛鸡就出来寻觅松子、榛子等坚果和羊奶子、草莓、野樱桃等浆果了。杨柳、白桦的叶芽，也是它们钟爱的美食。冬天草木凋落时，它们还会吃苔藓、昆虫、蜗牛等。冬夜，花尾榛鸡会钻进雪窝，将就着过夜。花尾榛鸡奉行"一夫一妻制"，一雌一雄成双成对，有"林中鸳鸯"的美誉。

中华秋沙鸭：低调的鸭子

中华秋沙鸭是我国特有的鸟类，后脑勺长着长长的冠状羽毛，性格安静，不喜鸣叫，平时在水中嬉戏和捕鱼，秋天迁徙。

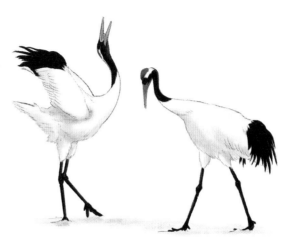

丹顶鹤：湿地之神

丹顶鹤的头顶有一块醒目的红色，因此而得名。传说中的仙鹤就是以它为原型的。丹顶鹤是大型涉禽。目前，全球野生丹顶鹤数量约为 3000 只，其中在中国越冬的有 1000 只左右。

东方铃蟾

叫声如铃的"臭蛤蟆"

物种身份证

姓名： 东方铃蟾
别名： 臭蛤蟆、红肚皮蛤蟆
纲： 两栖纲
目： 无尾目
科： 盘舌蟾科
现状： 无危

会变色的"潜伏者"

东方铃蟾叫声低沉，听起来像粗哑的铃声，所以才有了这个充满灵性的名字。它们还有一个别名——臭蛤蟆。这是因为受到惊吓时，它们的皮肤会分泌出难闻的、有轻微毒性的液体。

东方铃蟾的背部是灰棕色或绿色的，上面布满大大小小的突起，还有一些黑色斑点。它们的体色并不固定，天暗时，体色会变深；阳光充足时，体色又会变浅，以便于与周围环境融为一体。遇到危险时，东方铃蟾有时会装死，肚皮朝上。肚皮上有些橘红色的斑点，颜色艳丽，像是在警告对方自己有毒，不要靠近。

圆盘子一样的舌头

东方铃蟾的舌头像个圆盘子，无法像青蛙和蛤蟆的舌头那样随意伸出嘴外。它们也不善于跳跃，捕食能力大打折扣。因此，东方铃蟾主要捕食离自己很近、身手不够敏捷的甲虫、蚂蚁、田螺等。

东北林蛙：一起冬眠吧

东北林蛙又叫哈士蟆，善于游泳和跳跃。哈士蟆比其他蛙类冬眠时间短，也不像其他蛙类那样独自冬眠，而是"组团"冬眠。

如果我说它长得不够英俊……

它现在就瞪着眼睛生气了！

东北林蛙

极北小鲵
四只脚的"水蛇子"

物种身份证

姓名：极北小鲵
别名：水蛇子等
纲：两栖纲
目：有尾目
科：小鲵科
现状：数据缺乏

我不是蜥蜴

极北小鲵连尾巴在内有 10 多厘米长，虽然别名水蛇子，却长着 4 只脚，看起来和蜥蜴有点像。不过，它每只脚都只有 4 根脚趾，比蜥蜴少 1 个，脚趾末端也没有爪尖。更重要的是，极北小鲵是两栖纲的，和爬行纲的蜥蜴相比，它多了一项用皮肤辅助呼吸的技能。

阳光请走开

极北小鲵是一种古老的珍稀物种，曾和恐龙生活在同一个时代，到今天已经有 2 亿多年的进化史了。它们喜欢住在潮湿的草丛中、树根下、岩石缝里。傍晚或清晨，光线不强的时候，才出来活动。它们的视觉和听觉都不灵敏，主要靠嗅觉捕食。由于生活在严寒地带，每年从 10 月到第二年 4 月冬眠。冬眠时的极北小鲵，进入一种假死状态，哪怕在土中冻僵多年，重见天日时，也有可能活过来。

极北小鲵

这是小鲵的卵！一条卵袋里有 70~100 粒卵！

23

大马哈鱼
悲壮的"勇士"

物种身份证

姓名：大马哈鱼
别名：麻哈鱼、麻糕鱼等
纲：硬骨鱼纲
目：鲑形目
科：鲑科
现状：无危

来去在淡水和咸水间

秋末冬初的时候，大马哈鱼在河里产卵。卵就像一粒粒橘红色的宝石。经过一个冬天的孵育，受精卵化身为小鱼崽，捕食水生昆虫，长到一两个月大时，它们就要背井离乡，去大海中求生了。它们顺着河水长途跋涉游到大海后，在海里生活3~5年后，大马哈鱼成熟。这时，它们又要洄游，游回出生的河里，繁殖下一代。

大马哈鱼卵

"大马哈"这个名字，来源于赫哲族语"达乌依玛哈"，意思是大鱼。

24

艰难的逆行，悲壮的长歌

回乡路十分漫长，短则三四千千米，长则上万千米，大马哈鱼逆流而上，一昼夜要游30~50千米。途中危机四伏，海里的鲨鱼、天上的猛禽、陆地上的棕熊，都等着拿它们打牙祭。还有高高的瀑布拦路，它们要跳跃十几米高，跳很多次，才能越过去。无数大马哈鱼出师未捷，或伤或亡，死去的大马哈鱼覆盖了水面。最艰难的是，为了适应从海水到淡水的环境变化，它们几乎什么也不能吃。尽管如此，它们依旧奋勇向前，用生命谱写了一首悲壮的长歌。大马哈鱼回到出生地后，已经瘦弱不堪。它们顾不上休养，而是抓紧产卵，之后，用尾鳍拨动砾石，把鱼卵遮蔽、掩藏起来，然后徘徊守护，直到体力耗尽，慢慢死去。当鱼卵孵化后，小鱼又会开启"少小离家老大回"的"鱼生"，一代一代，生生不息。

半孵化的大马哈鱼幼鱼

大马哈鱼是怎么找到回家的路和入海的路的呢？有人说，它们能闻到母河中特殊的味道；有人说，它们依靠太阳和星辰辨别方位；也有人说，它们脑中有一种物质，能像指南针一样指引方向。

花羔红点鲑：拥有神奇的肠子

花羔红点鲑爱吃大马哈鱼的鱼卵，鱼卵多时，它们的肠道体积会变大 2.6 倍，以便吃个尽兴；没有鱼卵可吃时，肠道就会缩小，最长可以一年不进食。

滩头鱼：咸水淡水都喜欢

滩头鱼和鲤鱼是近亲，但却和很多鲑鱼一样会定期洄游。不过，它们只在咸淡水交汇的海域生活，回乡路很短。每年5月末，它们开始离开大海，游到河上游的滩头产卵，因此被称为滩头鱼。

动物们的视觉

它们的眼睛不一样

告诉你一个秘密，许多动物都能看到你看不到的东西，神奇吧？猫和虎都能看清黑暗中的环境，它们的眼睛长在头的两侧，两只眼睛的视野还会重叠，视觉更立体。

蛇是近视眼，1米以外的东西几乎看不见。因为没有视凹（视网膜上凹陷的小坑，有感光细胞。人类有视凹，但只有1个），它们几乎看不见静止的物体。蛇没有眼睑，眼球无法转动，不能眨眼，不能闭眼，睡觉也要睁着眼睛。

猫头鹰有一对管状的大眼睛，像望远镜一样，能看很远，大大的瞳孔还能感知极其微弱的光线。它们把视觉、听觉等关联起来，构成了夜间精准捕食的探测系统。

天生视力好的猫头鹰却有一个"遗憾"：不能自由地转动眼珠，只能依靠脖子的转动来观察四周。

你能想到，一只栖息在高耸入云的高楼楼顶的鹰，能看到街道地面上的一枚硬币吗？鹰的视力是人类的8倍呢！其他鸟的眼睛也不一般。它们的视网膜上分布着比人眼密两倍的感应器，这让它们的眼睛仿佛安装了一个放大镜。它们还能看到比人类更多的色彩。

当你看到一根平滑的树枝时，鸟已经看到树枝上的断裂……

昆虫一般有两种眼睛，一种单眼，一种复眼。单眼用来感觉光和距离远近，复眼由很多小眼组成，能看到物体。当光线发生改变时，小眼们能感知到，所以，昆虫能发现移动的物体。多数昆虫感受不到红色，蜜蜂无法区分红色和黑色。

红松
世界上最耐火的树

红松

物种身份证

姓名：红松
别名：海松、红果松等
纲：松柏纲
目：松柏目
科：松科
现状：易危

80 年才能开花结果

野生红松 80 年才开花、结果，果子就是松塔。红松能长到 40 米高，和 12 层楼差不多高；能活到六七百岁。红松的"皮肤"是灰褐色的，里面的木质是淡淡的红褐色，因此得名。

小·红松的命运

由于红松寿命太长，小红松生在大树旁边很难有"出头之日"，所以，红松常借助松鼠、鸟类等媒介，把种子传播到远离红松林的地方，让小红松和阔叶树杂居。由于阔叶树一般只能长到 20 米高，不会遮挡阳光和雨水，小红松能够长成这一带的"霸主"。

臭冷杉："身材苗条"的树

臭冷杉又叫臭松、华北冷杉，可以长到 30 米高，但树干直径通常只有红松的一半。臭冷杉的根系很浅，喜湿冷的环境。

臭冷杉

唐代诗人王维诗中说"红豆生南国"，可我们北方也有红豆啊。

是同一种红豆吗？我们考察一下吧。

物种身份证

姓名： 东北红豆杉
别名： 数据缺乏
纲： 松纲
目： 柏目
科： 红豆杉科
现状： 濒危

东北红豆杉
植物"活化石"

"浓妆艳抹"

东北红豆杉来到这个世界已经 250 万年了，它们能长到 20 米高、胸径 1 米粗。它们不仅"皮肤"是红褐色的，种子的颜色也很浓艳，是紫红色的。小果子光泽流转，惹人喜爱。

"性情孤傲"

大概是太美丽了，东北红豆杉"性情孤傲"，不大"合群"，总是零零散散地生在林中，从不"抱团"相伴，无法成林。它们的叶子还有毒，令人不敢贸然靠近。

东北赤杨：一种小乔木

东北赤杨有 3 米高的，也有 10 米高的。尽管有时长得像不起眼的小灌木，但它们叶片较厚，果穗美丽，种子萌芽性极强。

东北赤杨花穗

东北赤杨果实

29

长白松

松中"俏美人"

物种身份证

姓名：长白松
别名：美人松等
纲：松柏纲
目：松柏目
科：松科
现状：数据缺乏

谜一般的"身世"

长白松堪称寂寞的树种，直到 1942 年才被注意到。起初，它们被认为是赤松的变种；接着，人们又认为它们更像欧洲赤松的变种。争论了 40 多年，1983 年才确定它们的"身世"：它们不是谁的变种，而是一个独立的种，由于发现于长白山，便叫长白松。

"美人"长啥样

长白松有"美人松"的名号，因为它们能长到 30 米高，挺拔俊秀，就如一个个摇曳多姿的美女。树冠形态万千，有的如仙人，有的如飞鸟，引人遐想。长白松是一种速生树种，也是一种阳性树种，如果能沐浴阳光，即便是在贫瘠的砂地上，它们也能茁壮生长。它们的根入土很深，可以吸取深层水分，因此哪怕气候干旱，也不会影响它们水灵灵的美貌。

阳性树种是只有在较强的光照下才能健壮生长的树种。松树、柳树、杨树、槐树等都是阳性树种。

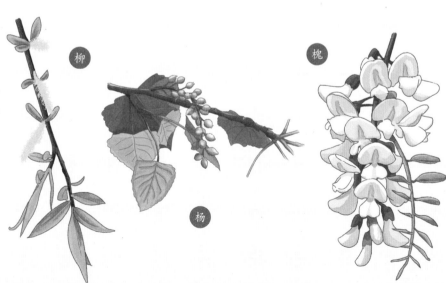

松

柳

杨

槐

物种身份证

姓名： 钻天柳
别名： 红毛柳、红梢柳等
纲： 双子叶植物纲
目： 杨柳目
科： 杨柳科
现状： 易危

钻天柳
想要钻入天空的柳树

想要"上天"的柳树

"碧玉妆成一树高，万条垂下绿丝绦"，你对柳树的印象还停留在这句诗里写的那样枝叶下垂、婀娜多姿吧？在东北虎豹国家公园中，却有一种柳树长得笔直高大，柳枝不向下垂，而是挺拔向上，有 20~30 米高，像要一头钻进天空一样，因此叫钻天柳。

染一头"红发"

钻天柳又叫"红毛柳""红梢柳"，春天时它们的枝叶是绿色的，秋天时树叶凋落后，枝条就逐渐变成枣红色或粉红色，远远看去，就像顶着一头红发。

钻天柳的花果

水曲柳：第三纪孑遗物种

虽然名字叫柳，其实和柳树一点关系也没有。水曲柳是木犀科，不是杨柳科。它们在 6500 万年 ~ 260 万年前，在地球上广泛分布，如今分布于东亚等地。

水曲柳果实

31

紫椴
个性十足的"隐士"

物种身份证

姓名：紫椴
别名：籽椴、小叶椴等
纲：双子叶植物纲
目：锦葵目
科：椴树科
现状：易危

美丽的外貌

紫椴模样漂亮，长着心形叶片，每年六七月时会开花，花是黄白色的聚伞花序；秋天果实成熟，上面还有一层细细的茸毛。

种子会休眠

你听说过种子也能休眠吗？紫椴的种子就会休眠，休眠期还很长，就像陷入沉睡中，迟迟不肯萌芽。种子休眠是一种生存策略，在遇到最佳时间、最佳环境之前，种子用休眠来"保存实力"，避免一发芽就夭折了。

聚伞花序就是花轴最中间或顶端的花先开，然后从主轴分出侧轴，侧轴再开花。开花的顺序由内而外、由上到下。西红柿花就是聚伞花序。

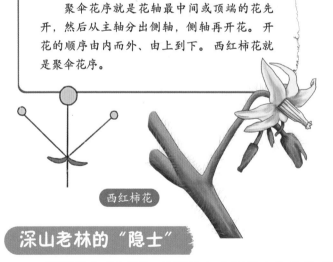

西红柿花

深山老林的"隐士"

紫椴极有"个性"，不喜欢与自己的小伙伴们"聚居"，所以，一般不会形成整片的树林。它们喜欢与其他树种"混居"，低调地把自己隐藏起来。

你知道吗？西红柿花也是聚伞花序。

我还没来得及知道……

柞树

橡子的母亲树

立根常在破岩中

柞树又叫橡树，生命力顽强，能在山坡、乱石间隙中生长。这是因为它们的根系很长，能钻过石缝，曲折、蜿蜒地往土里延伸。更神奇的是，柞树的树根还能分泌酸性物质，使岩石加速溶解，变成适宜生长的土壤。

物种身份证

姓名： 柞树
别名： 柞栎、蒙栎等
纲： 双子叶植物纲
目： 壳斗目
科： 壳斗科
现状： 无危

树的"夏眠"

柞树害怕酷暑，若是连日干旱、高温，树梢的嫩叶就会硬化，叶片里的气孔也会关闭，柞树就进入了休眠状态，等低温时才"苏醒"。说到蚕吃什么，你一定会想到桑叶。其实，有一种蚕偏爱吃柞树叶，被称为柞蚕。

> 植物休眠是指植物停止生长，只需很少的水分和养分，维持微弱的生命活动。这是植物适应逆境的一种方式。

桑蚕茧　柞蚕茧

柞树枝上的绿柞蚕

欢迎菌类寄生

柞树还能"养育"别的小生灵：柞树衰老、死亡或断折、腐朽后，容易滋生菌类，如香菇、猴头菇、木耳等。其中，木耳最喜欢寄生在柞树上。秋天结了橡子后，橡子外面包裹着一个小碗状的壳，叫壳（qiào）斗，壳斗中的果肉甜中带涩，很受松鼠、野猪、黑熊、花尾榛鸡等野生动物的喜爱。

橡子

> 东北虎、东北豹也偏爱长有大量柞树的树林，因为它们的"美食"喜欢在那里吃橡子。

柞树

黄檗

从远古走来

物种身份证

姓名：黄檗（bò）
别名：黄波椤、黄柏等
纲：双子叶植物纲
目：芸香目
科：芸香科
现状：易危

从远古而来

黄檗是地球上的"老住户"，在6500万年~260万年前，它们就已入住地球。因此，黄檗能帮助科学家研究古老植物的分布以及当时的气候，非常珍贵。

从天而降的种子

黄檗的果实是一种小小的绿色浆果，成熟后呈黑色，有特殊的气味，不大好闻，但灰喜鹊、啄木鸟、斑鸠等鸟儿却很喜欢。它们把浆果吞下肚，让消化系统对付果肉，然后，种子包裹在粪便中从天而降。

我爷爷的爷爷的爷爷……见过你的祖先——那时他们还用四条腿走路。

树爷爷您好。

黄檗花果

黄檗的树皮中有厚厚的木栓层，可以制造软木塞。木栓层就是位于树干表层的主要成分，由褐色细胞层层堆积而成，可阻止水与空气的侵袭，就像给大树穿了一层盔甲。

胡桃楸：一身阳刚气

胡桃楸（qiū）和黄檗、水曲柳并称东北"三大硬阔叶树种"。胡桃楸高可达20米，笔直粗壮，有阳刚之气。胡桃楸的果实叫山核桃，果壳极为坚硬，很难咬开，但对松鼠、野猪来说是"小菜一碟"。

山核桃

珍珠梅
盛夏的"雪花"

物种身份证

姓名：珍珠梅
别名：山高粱条子、高楷子等
纲：双子叶植物纲
目：蔷薇目
科：蔷薇科
现状：数据缺乏

大雅是我

珍珠梅是一种灌木，高约 2 米。盛夏季节，群花凋谢，珍珠梅却顶着骄阳盛开，花色洁白，好像覆盖了一树的雪花。花苞圆圆小小，宛若一粒粒珍珠；绽开后有 5 片花瓣，很像梅花，素雅清丽。

珍珠梅的花枝上生有很多小分枝，整体造型就像一个圆锥。这种花序就叫作圆锥花序。

大俗是我

虽然珍珠梅的大名雅致高贵，但在东北却有一个很土气的俗名——山高粱条子。这是因为珍珠梅结出的红褐色果穗，与高粱穗有几分相像。珍珠梅对有害气体有抵抗及吸收能力，能净化空气。

高粱穗

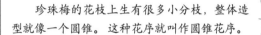

珍珠梅果穗

暴马丁香：花气袭人知昼暖

暴马丁香又叫暴马子，是灌木或小乔木。花为 4 瓣，每年五六月天暖时开放，花序很大，花期很长，芳香袭人。暴马丁香喜爱光照，在背阴处开花稀少。

兴安杜鹃

野外最早开花的植物之一

物种身份证

姓名：兴安杜鹃
别名：金达莱、达子香、映山红等
纲：双子叶植物纲
目：杜鹃花目
科：杜鹃花科
现状：数据缺乏

古老的花朵

　　兴安杜鹃是一种枝杈繁多的灌木，很可能第三纪中新世就出现在地球上了，这意味着它的历史有 533 万年~2300 万年，是花中的"老前辈"之一。

到北国去迎春

　　兴安杜鹃的花有的是紫红色的，有的颜色浅淡，当地人会把红纸放在插花的水瓶中，纸融出红色，使花也变红了。

　　杜鹃花家族成员众多，仅在我国就有 600 多个种类。兴安杜鹃算得上其中的另类，它们不像大多数兄弟姐妹那样在温暖的南方安家，而是扎根在寒冷的东北深山。每年春寒料峭时，它们就绽开了花朵，之后才长出叶子。它们不畏严寒，经常成片成片地盛开在背阴的山崖上。

　　兴安杜鹃在朝鲜语中叫"金达莱"，传说，从前有一对兄妹，妹妹被官府选中要去祭天，哥哥带妹妹逃到山中。神仙送给他们一匹白马、一把宝剑，他们就回乡去反抗官府。官府派兵镇压，杀死白马和妹妹，哥哥也身负重伤，鲜血滴在雪地上。春天时，有血迹的地方就长出植物，开出鲜艳的金达莱花。

牛皮杜鹃：
叶片像皮革一样厚实

　　牛皮杜鹃生在高山上或苔藓层上，花为淡黄色。因为它的叶片像皮革一样厚实，且泛光泽，所以被称为牛皮杜鹃。

蓝靛果
勇敢的"忍冬"植物

物种身份证

姓名：蓝靛果
别名：羊奶子、黑瞎子果、
　　　山茄子果等
纲：双子叶植物纲
目：茜草目
科：忍冬科
现状：数据缺乏

这种植物有点"冷"

蓝靛果是忍冬科的灌木，正如"忍冬"这个词的字面意思所示，蓝靛果十分耐寒，甚至比其他忍冬科植物更勇敢，专拣严寒地带生长。对蓝靛果来说，最适宜的气温莫过于 2℃ 左右了。在休眠时，它们能忍耐 -50℃ 的气温，花朵也能忍耐 -8℃ 的低温。

黑熊的钟爱

蓝靛果又叫黑瞎子果，据说这种浆果备受黑熊喜爱。蓝靛果生长于有泥炭层的沼泽地边缘有太阳的地方。如果阳光不足，它们就会长得稀稀疏疏，不会结很多果实。

蓝靛果的花

你是怎么熬过寒冬的？

"忍"就一个字。

蓝靛果的果实

蓝靛果的果实很像蓝莓，是一种浆果，其花青素含量大约是苹果的 600 倍，被称为"浆果之王"。浆果是指肉质果。葡萄、猕猴桃、蓝莓等都是浆果。

金银花的"金花"和"银花"

忍冬：原来是金银花

忍冬是一种藤本灌木。它在秋季枯萎后，又会生出新枝叶，冬天也不凋落，所以叫"忍冬"。忍冬俗名金银花，花刚开时为白色，慢慢地会变成黄色，在同一株忍冬上，常常能同时看到"金花"和"银花"。忍冬喜欢缠绕在其他植物上向高处攀缘。

金银花花苞

胡枝子

开满"蝴蝶"的植物

物种身份证

姓名：胡枝子
别名：胡枝条、扫皮等
纲：双子叶植物纲
目：蔷薇目
科：豆科
现状：数据缺乏

姓"胡"，名"枝子"

胡枝子是一种灌木，有 1~3 米高，枝条稠密，挤挤挨挨。在古代，东北地区被中原朝廷视为"胡地"，因此生长于东北的胡枝子就有了这个名字。

枝头开出"蝴蝶"来

夏天，胡枝子会开出紫红色的蝴蝶一样的花。虽然花朵只有 5 瓣，却有 3 种形态：尖端的一瓣，像旗帜一样招展，叫旗瓣；中间的两瓣像一对翅膀，叫翼瓣；最下面的两瓣叫龙骨瓣。

旗瓣

翼瓣

龙骨瓣

根上长了瘤子

胡枝子的根系上面长满瘤子。这是土壤中的根瘤菌侵入了根部细胞，导致细胞分裂和再生，形成瘤子。胡枝子与根瘤菌有共生关系：胡枝子为根瘤菌供应营养，根瘤菌将大气中游离的氮气变成植物需要的养分。

根瘤菌是一种细菌，能和大豆、蚕豆、花生等豆科植物的根部共生，形成根瘤。

胡枝子也叫随军茶，因为它能润肺止咳，古代行军打仗时，将士们常把它带在身边。胡枝子茎叶鲜嫩，富含蛋白质、脂肪、纤维等，是饲养战马的上好饲料。

铃兰：有毒的"仙花"

铃兰是百合科植物，能开出仙子一样超凡脱俗的花朵，芳香四溢，气味甜蜜，秋天结出暗红色浆果。中国古人把铃兰称为"君影草"，象征高洁的人格。铃兰全株都有毒，但能入药。

木贼
3亿多岁的"光杆司令"

"缩水"的身形

木贼是古老的蕨类植物，在地球上已经生存了3亿多年。在漫长的时光里，它们身形严重"缩水"：远古时有20~30米高，如今只有0.3~1米高。

到底"偷"了啥

木贼的表面长满小疙瘩，纵向分布着18~30条棱线。由于木贼摸上去很粗糙，古人常用它们来打磨木材，所以它们也叫"锉草"。它们像贼一样趁机"偷吃"掉木材上不平整的地方，因此被叫作"木贼"。

"光杆司令"

木贼是常绿植物，像竹子一样空心、分节。它们看上去光秃秃的，没有枝，没有叶，只有一根根独立的茎，活像"光杆司令"。其实，它们也有叶子，只是叶片细小，呈鳞片状。自然界中这种形态的叶子被统称为鳞叶，是退化形成的。木贼小小的鳞叶紧紧贴在分节处，围成了笔筒的形状。

瓶尔小草：只有一片叶子

瓶尔小草是一种珍稀的蕨类植物，已经有3亿年的历史了。它只有一片叶子，因此又叫"独叶一支箭"。叶片旁边的是孢子囊穗，瓶尔小草依靠孢子繁殖，孢子成熟后散落在地上或岩石缝里，就能长出新的小草。

孢子囊穗

植株

我小时候去姥姥家经常看到木贼。

你现在也是小时候啊。

人参
草中的王者

物种身份证

姓名： 人参
别名： 棒槌、地精、人衔生等
纲： 双子叶植物纲
目： 伞形目
科： 五加科
现状： 极危

冰川期的幸存者

　　太行山和长白山两大山系是人参的发源地，在6000万年前，人参也曾"人丁兴旺"，可惜后来地球进入了漫长的冰川期，无数生物被冻死，人参虽然幸存下来，家族却大大缩小，如今我国只有东北地区才出产野生人参。

对气温的要求

　　人参喜欢树荫浓密、凉爽的背阴山坡，最适宜的温度是15℃~25℃。当温度低于10℃或高于30℃时，人参就开始休眠。它们害怕高温和强光，但能忍耐-30℃的严寒。

　　山林中的落叶、地下的微生物，给土壤制造出大量腐殖质，为人参提供营养。

　　人参是五加科的植物，"五加"这个名字是明朝医学家李时珍起的。这类植物枝上的小叶有4片的，也有5片的，李时珍认为"五叶交加"的是上品。

"人形"是怎么炼成的

人参的根很像人形，看起来有胳膊有腿儿的，因此才叫人参。这当然不是传说中的"成精"，而是因为山地中有很多石块，当人参的主根生长受到石块阻碍时，会向一侧分叉，生出支根。支根膨大起来，就成了结实粗壮的"腿"。

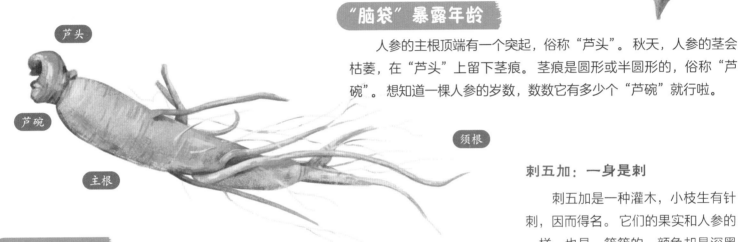

芦头

芦碗

须根

主根

"脑袋"暴露年龄

人参的主根顶端有一个突起，俗称"芦头"。秋天，人参的茎会枯萎，在"芦头"上留下茎痕。茎痕是圆形或半圆形的，俗称"芦碗"。想知道一棵人参的岁数，数数它有多少个"芦碗"就行啦。

刺五加：一身是刺

刺五加是一种灌木，小枝生有针刺，因而得名。它们的果实和人参的一样，也是一簇簇的，颜色却是深黑色。刺五加也很耐寒。

草中的另类

草本植物只有几个月或几年的寿命，人参却能活几十年，甚至几百年。因为人参根部的再生能力十分强大，如果主根烂掉了，根须会继续生长，经过几十年或上百年成长为主根。

党参：
不是人参，而是桔梗

党参并不是人参，而是桔梗科的植物，与人参连亲戚也算不上。但它们的根部很相似，是有名的中药。

乌拉草

给人带来温暖的野草

物种身份证

姓名：乌拉草
别名：乌腊草、靰鞡（wùla）草等
纲：单子叶植物纲
目：莎草目
科：莎草科
现状：数据缺乏

水边有草名"乌拉"

东北有一种常见的野草，叫乌拉草。在满语里，"乌拉"是"江"的意思，可见乌拉草就生长在沼泽、洼地等潮湿的地方。在温度高的月份，它们长得更旺盛、更高。乌拉草的茎秆像根三棱柱，摸起来很坚硬。当它们开花时，花穗长长的，上面满是米粒状的小花。

乌拉草花穗

听说现在的"东北三宝"变成了人参、貂皮和鹿茸？

让人温暖的草

乌拉草看起来不起眼，却曾与人参、貂皮并称为"东北三宝"。这是因为乌拉草的叶子富含纤维，晒干后十分柔韧，可以用来盖房顶、织蓑衣、做草垫子。冬天，把干枯的乌拉草，塞到东北特有的防寒鞋——靰鞡里，松软、干燥、保暖，能抵御东北零下四五十摄氏度的严寒，防止脚生冻疮。

日子好过了，我就功成身退了嘛！

草苁蓉
最不像草的草

不一般的小草

说到小草，你一定会联想到"青草""绿草"。有一种小草却很奇异，浑身一点儿绿色也没有。它就是草苁蓉。草苁蓉高 15~35 厘米，茎是淡黄色的，有一些三角形的紫色鳞叶，花也是淡紫色的。

没有叶绿素怎么办

看了草苁蓉的颜色，就知道它缺少一样东西——叶绿素。没有叶绿素，草苁蓉就无法进行光合作用，也就不能制造营养来养活自己。所以，它寄生在其他植物的根部，凭借着自己肥厚的根茎，从寄主那里吸收养分。

草苁蓉结果

为什么植物的花、叶、果会有不同的颜色呢？这和植物色素有关。植物色素有叶绿素、花青素、胡萝卜素等。

草苁蓉花开

草苁蓉的绝招

草苁蓉对环境十分挑剔，只有气候寒冷、阴暗潮湿、年降水量充足的地方，它才会"大驾光临"。每棵草苁蓉能结 100 多个椭圆形的果实。果实成熟后，藏在里面的种子就随风四处飘散，去寻找赤杨树等寄主了。这个过程只能靠运气，自己做不了一点儿主。但草苁蓉有对策，就是以多取胜：它们的种子比芝麻还小，每颗能结出 30 多万粒种子，总有少数幸运儿恰好能落到自己满意的地方。

珠芽蓼
"能胎生的植物"

天生的"瘦高个"

珠芽蓼是一种茎为黑褐色的小草，茎的直径1~2厘米，但却是"瘦高个"，能长15~60厘米高。当它们生出花苞时，璀璨时刻就到来了，一粒一粒的花苞可爱至极，等到花苞绽放时，那一穗穗的花朵或白色，或淡红色，摇曳生姿。

偏爱"高处不胜寒"

珠芽蓼尽管植株很小，却敢于挑战严寒，喜爱冰冷的环境，当然也喜爱阳光，因此，它们总是生长在海拔较高的地方。

神奇的珠芽

长白山拥有中国独有的极地风景，植物们为了一代代繁衍下去，使出浑身解数，力争在五六十天内就完成繁衍大任。有的用硕大的花朵、艳丽的色彩引诱授粉者。珠芽蓼却不同，它们只在花穗的中下部长出一粒粒小小的珠芽，然后，静静地等风来。风过后，珠芽就随风飘荡，犹如胎儿分娩一样落地生存了。

你可能很疑惑，珠芽是什么呢？珠芽就是珠芽蓼的营养器官。珠芽和花朵一起生长，成熟后脱落下来，在土壤里生根发芽。这种繁殖方式非常特殊。

红果越橘：近危植物

红果越橘也叫朝鲜越橘，属杜鹃花科，爱扎根在砾石缝隙中，秋天结果。红果越橘的浆果酸甜可口，可做食物，还能提取红色色素，叶子可入药。

冰凌花

清傲的"林海雪莲"

一花独放

当北风呼啸、春寒料峭时，一种金黄色的小草花顶着冰雪钻出地面，清傲感人。这种小花叫冰凌花，也就是侧金盏花。蜡梅在 −15℃以下可能会被冻死，冰凌花却依然能一花独放。

几千年前，周朝时，黑龙江流域一带生活着少数民族肃慎人。他们采摘冰凌花，进贡给周天子。当时的冰凌花被视为奇花异草。

铁骨冰心

冰凌花是草本植物，"身材"矮小，花开时高 5~15 厘米，就算是冰凌花家族中的"擎天柱"，也不过 30 厘米左右高。它们先开花，后长叶，叶子约 7 厘米长。冰凌花根茎短粗，"性情"清傲，不惧严寒，顽强地抵抗寒风，在五六月就能结果了。

传说，冰凌花是一位美丽的女子。有一年冰雪不化，人们无法耕种，快要饿死了。冰凌花便祈祷上苍，希望得到帮助，她得到了神奇的种子。她光着脚，用体温融化了冰雪并撒上种子，不久，土地上长出了黄色的小花，人们得到了救命的野菜。为了纪念女子，便把这种黄花称为"冰凌花"。

地貌
高低呼应，光怪陆离

山不在高

东北虎豹国家公园位于长白山支脉老爷岭的南部，境内山岭纵横，峰峦起伏。其中，最高的要数老爷岭，海拔有 1400 多米。这里的山不算高，但有虎豹纵横，有其他各种数不清的动植物繁衍生息，是一个充满生机和灵气的地方。

和火山做邻居

长白山是一座休眠火山，周围还围聚着一百多座小火山，形成了壮观的长白山火山群。东北虎豹国家公园和长白山相距不远，也曾受到火山的影响，比如，群山之间有很多由火山熔岩构成的峡谷。在天桥岭秃顶子山上，还能看到大片大片的"石海"，里面大石头挨着小石头，寸草不生。这些石头就是几亿年前火山喷发形成的。

盆地

丘陵

在"盆"里安家

由于山脉错落起伏，山与山之间形成了很多盆地。在大部分盆地中，都有河道冲积出的平原，很多人聚居在那里。靠近河道的地方开辟出了水田，春天种满水稻，秋天就能吃上香喷喷的大米饭了。

不高不矮的丘陵

平原

丘陵一般 200~600 米高，主要分布在高大的山岭与低洼的盆地之间，给起伏的山势带来了缓冲，当地人常在这里耕种旱田。

山地

丘陵

还有一种台地

有一种地形，比邻近地区略高，但又不是丘陵，而是一片平坦的"高台"。这种地形被称为台地或平岗。台地是平原向丘陵、山地过渡的地形。

台地

东北虎豹国家公园境内有一条地壳运动形成的断裂带，这条断裂带容易引发深源地震，就是震源深度超过300千米的地震。全球已知的最深的震源为720千米，东北虎豹国家公园的震源深度为470~590千米。

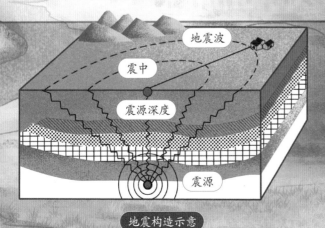

地震波

震中

震源深度

震源

地震构造示意

肥沃的黑土，几乎是东北的一块"金字招牌"。但在东北虎豹国家公园，黑土只能靠边站，因为这里是暗棕壤的天下，占比高达97.7%左右。暗棕壤是一种森林土壤，富含养分。

气候
这里的冬天格外冷

虎豹们的四季

东北虎豹国家公园四季分明，但冬天非常漫长，从10月到第二年的4月，几乎持续半年之久。夏季很短，大约从6月到8月，天气温热，平均气温在20℃左右，也会出现37.5℃的高温。春天和秋天就更短暂了，而且，气温在春天骤升，在秋天骤降，变化极快。

蓟（jì）根草

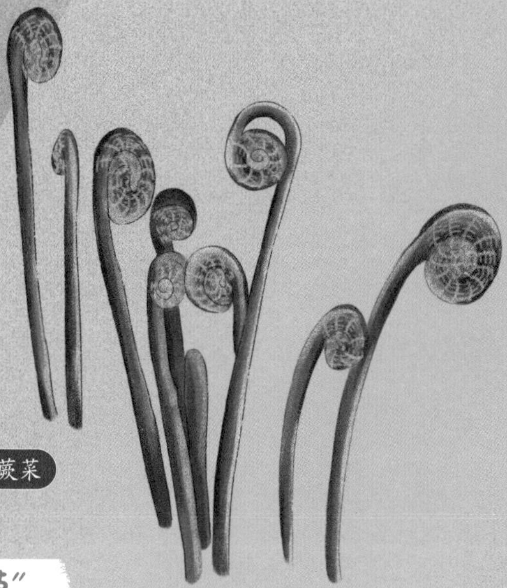

蕨菜

好冷的"温带"

对照整个地球的气候带来看，东北虎豹国家公园处于温带。不要一看到"温带"这两个字，就误以为这里温暖怡人。其实，这里全年的平均气温只有5℃，12月与1月时最为寒冷，平均最低温度约为–17℃，平均最高温度也只有–7℃左右。遇上极寒天气，气温最低可降到–44℃！现在你知道生活在这里的动植物多么了不起了吧？

益母草

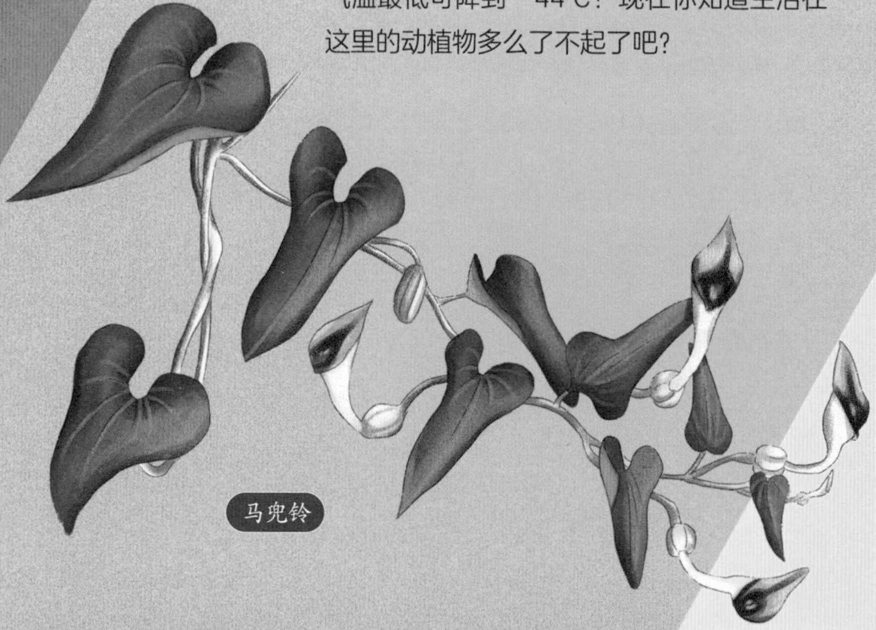

马兜铃

东边有个"恒温器"

在东北虎豹国家公园的东边有一片大海，叫日本海。和陆地相比，大海就像个"恒温器"：假如吸收同样的热量，大海的温度上升得更慢；假如释放同样的热量，大海的温度下降得也更慢。因此，受到日本海的影响，公园的东部区域昼夜温差小，而且冬暖夏凉，较少出现极端天气。

苍耳

何时何地雨水多

在东北虎豹国家公园中，每年6—9月雨水最多。当台风过境时，还常常带来暴雨。越靠近日本海的地方，降水量就越多；海拔越高的地方，降水量就越多。所以，山地的雨水更丰沛。

苘（qǐng）麻

白茫茫一片冰雪世界

雪凇

每年11月初，进入了封冻期，不仅江河湖泊结冰，连泥土也冻结了。水面的冰足有0.8~1米厚，土壤的冻层最深可达1.5米左右。鹅毛大雪还时常飘落，雪堆积在地上，将近半米深。整个大地银装素裹，要到第二年的4月上旬，雪才逐渐消融，大地才开始解冻。

由于极度寒冷，降雪时，会形成雪凇：雪花落在树枝上，不会融化，而是被水汽凝冻住，然后越积越厚，看上去满树都覆盖着白雪，如玉树琼枝一样美丽。

当河面雾气很重的时候，如果气温降到-20℃以下，袅袅的雾气就会变成白色的结晶，附在岸边的树枝上，这就是雾凇，也叫树挂。

雾凇

河流
跨越国界的奔腾

水从高山来

东北虎豹国家公园中，水网密布，仿佛大地的血脉，哺育着数不清的动植物。东北的主要河流大都是从公园发源的，它们从山间倾泻而下，最终汇入更加广阔的江河和大海。

图们江：满语意为"万水之源"。它是中国、朝鲜、俄罗斯三国边境上的界河，有"三国界江"之称。它从长白山主峰发源，全长525千米，流经东北虎豹国家公园的长度有59千米。它从公园的东南端流出中国后，在朝俄边境汇入日本海。

嘎呀河：满语意为"采珠河"，或许因为这里历史上曾经盛产珍珠。它是图们江水系最大的支流，发源于老爷岭支脉，全长216千米，流经公园的河段长约42千米。

珲（hún）春河：满语意为"边境之河"。它是图们江水系的支流，全长约 200 千米，流经公园的河段长 168 千米左右，是公园里最长的河。它从海拔近 1400 米的盘岭山脉发源，在中下游形成肥沃的冲积平原。

绥（suí）芬河：满语意为"锥子河"，大概是其蜿蜒的形状像锥子，或说外形像河中锥子一样的钉螺。和图们江一样，它也是一条跨国河流，在中国境内发源，向东流经俄罗斯后，注入日本海。绥芬河有两个发源地，从老爷岭山脉发源的这条支流，被称为大绥芬河，流经公园的长度有 132 千米。

穆棱河：满语意为"马河"，因为在古时候，穆棱河流域是辽阔的牧马场。穆棱河是乌苏里江水系最大的支流，发源于老爷岭山脉的窝集岭北坡，在公园的长度有 40 千米。

森林
珍稀的物种基因库

原始天然林

东北虎豹国家公园森林辽阔，占整个公园面积的 97.74% 以上。最难得的是，原始天然林占全部森林的 90% 以上。要知道，北半球的温带天然林十分稀有，只分布在 3 个区域：北美东北部、欧洲东部和亚洲东北部。而公园正好位于亚洲温带针阔叶混交林生态系统的中心。神气吧？

物种基因库

公园的森林，近 70% 为温带针阔叶混交林，24% 左右是阔叶林，其余的是针叶林。其中，针阔叶混交林是经过了漫长的时间才形成的，这里生活的动植物种类最多，堪称"物种基因库"。许多珍稀的物种，如东北虎、东北豹、红松、人参等，都在此生存了下来。

谁是生产者

在东北虎豹国家公园的森林生态系统中，红松、红豆杉、椴树等乔木是主体，担任了生产者的角色。它们通过光合作用合成有机物，满足自己的生长，不必依赖其他物种。低矮的灌木，林下的小草、苔藓、地衣等植物，也是生产者。这些生产者开启了森林食物链的循环。

植物像人一样，必须进食才能活下去。绿色植物为自己制造"食物"的过程离不开光：它们在光照的作用下，把二氧化碳和水合成为养分，这个过程即光合作用。

在生态系统中，生产者主要指能进行光合作用的绿色植物，包括高等植物、藻类、地衣等。一些微生物也能为自己合成营养，也属于生产者。

东北豹

东北虎

大型有蹄类动物

植被

野生东北虎和东北豹位于森林食物链的顶端

谁是一级消费者

与植物相比，动物们的依赖性显得有点儿强。有些动物只能依靠吃植物活着，这些食草动物属于食物链里的一级消费者，代表动物有马鹿、梅花鹿、野猪、狍子、原麝。

谁是二级消费者

以一级消费者为食的肉食动物，属于二级消费者，代表动物有紫貂、黄鼬、伶鼬、东北虎、东北豹、棕熊、黑熊、猛禽等。在二级消费者里，又时常上演"大鱼吃小鱼，小鱼吃虾米"的大戏。其中的顶级消费者，当然就是明星物种东北虎和东北豹了。

湿地：独特的生态系统

东北虎豹国家公园中有一部分湿地。湿地长有大片喜湿的灌木和水草，养育了大马哈鱼、雅罗鱼、哲罗鱼等鱼类，给东方铃蟾、粗皮蛙、花背蟾蜍、极北小鲵等两栖动物提供了家园。有的湿地还生长着大片的鸢尾花，开花时形成紫色花海，让人误以为进入了仙境。

植物们的战场

大自然中，每一秒钟都在上演你争我夺的生存大战，就连看上去安安静静的植物也精通"战术"。大多数植物都要依靠光合作用来生存，假如隔绝了阳光雨露，就相当于断了它们的活路，因此，植物总是为阳光、水等资源而战。

不同的植物有不同的光补偿点。在光合作用的过程中，最低的光照强度必须高于它的光补偿点，否则植物就不能正常生长。

乔木：大个儿不是白长的

高大的乔木天生具有优势。比如，红松、云杉、柞树等乔木动不动就长成30米左右高的大高个儿，它们毫不费力地就阻截了大多数的光照和雨水。它们在这片植物中的地位，相当于动物界的东北虎和东北豹。尤其红松这样的长寿树种，几百年屹立不倒，霸主的地位无法撼动。

灌木：给点儿阳光就灿烂

灌木没有明显的主干，能长到3米多高已经尽力了。在乔木脚边生长的灌木，尽量争取从乔木枝叶间隙漏下来的阳光和雨水，努力地"横向"拓展自己，生出更大的叶子，或者更繁茂的分枝，纵然看起来"蓬头垢面"也在所不惜。也有一些灌木，不愿意卷入植物"江湖"的纷争，躲到悬崖峭壁等贫瘠之地扎根，尽情地享受太阳。

藤本植物：借个高枝"晒晒"

藤本植物不能直立生长，它们会把近旁的乔木当成天然云梯，缠绕在乔木上，向阳光充足的高处爬去，如紫藤。树干越粗，缠得越紧，时间长了，就阻断了乔木的树根向上输送养分的"路"，乔木会因此而死掉。

藤本植物中，有的属于草本植物，比如牵牛花、扁豆等；有的属于木本植物，比如忍冬、紫藤、凌霄花等。

寄生植物：惹不起也躲不起

寄生植物不能独立生存，只能通过盗取"邻居"的营养养活自己，如草苁蓉、菟（tù）丝子等。菟丝子根部和叶片都严重退化，它们会把茎缠绕在寄主身上，并在接触的部位生出吸器，从寄主体内吸取养分。

草类：在夹缝里挣扎

经过乔木与灌木的"双重过滤"，留给草类的阳光雨露就更少了。娇小柔弱的小草们却自有办法。大多数草的茎秆都是绿色，全身都能吸收阳光，一点儿也不浪费。有些草还"明智"地与乔木错开生长时节，当乔木秋冬落叶时，它们悄悄发芽，尽情享受阳光雨露；等到乔木再次"遮天蔽日"时，它们已经枯萎，由种子准备下一次的"轮回"了。

55

建筑
别具一格的民居

从女真人开始

很久以前，东北虎豹国家公园一带是游牧民族女真人的聚居地，清朝末年，"闯关东"的汉族人、来自朝鲜半岛的朝鲜族人，迁徙到了这里。今天，这里散落着100多个村屯，最大的住有2000多人，小的不足100人，除汉族以外，人口最多的就是朝鲜族和满族。

"口袋房"

为了应对寒冷的天气，当地的房屋大都坐北朝南，尽可能多地"拥抱"阳光。满族人传统的住房大多只有一个门，形状犹如口袋，人们便称之为"口袋房"。

满族房屋的烟囱不在房顶上，而是在地上。烟囱底部和屋子里的炕洞相连。很久以前，满族人用木和草盖房子，为防止火灾，特意把烟囱和房屋分开，后来，这种设计就延续了下来。

以前，在东北，人们会把纸糊在窗格子外面作为遮挡，冬天时，又在窗户纸外面钉上一层塑料布，抵挡寒冷的侵袭。等玻璃普及后，纸糊窗才"退役"。

很多门的白房子

　　朝鲜族传统的民居没有围墙，没有院子，也没有厢房，只是一栋单独的房子。朝鲜族人喜欢白色，经常把房子的墙刷成白色，屋顶覆盖上青色的瓦。房子里的房间很多，有 4~6 间，房间之间用推拉门隔开。如果你去做客，他们就会卸掉推拉门，使小房间变成大房间。这样的房屋，门比较多，窗户很少。

冬天里的"三把火"

天寒地冻的东北，少不了几件御寒法宝——火炕、火墙、火盆。火炕是睡觉的地方，用砖或土砌成，里面有洞，燃烧的木柴生成的热量从灶下进入洞里，给火炕加热。火墙是空心的，一边连着火炕，一边连着烟囱，烧木柴可以同时给火炕和火墙加热，墙热了，屋子里也就暖烘烘的了。灶下没有烧尽的炭火，可以扒出来，放到泥做的火盆里，摆到炕上，一家人围坐在火盆旁唠嗑、取暖，还能在火盆里烤地瓜、土豆来吃，也可以把炖着酸菜五花肉的锅放在火盆上，一边加热，一边吃，那种幸福难以言喻。

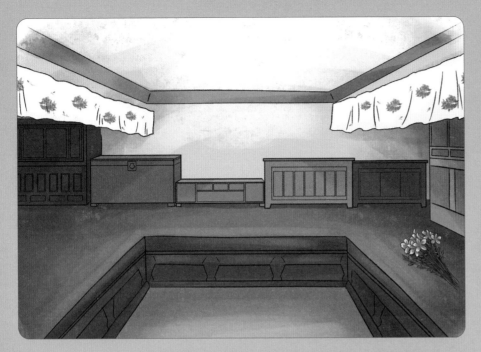

"转圈"的万字炕

　　在满族人的传统住房中，里屋的3面墙都有火炕，形成一个半包围结构，这就是转圈炕，又叫万字炕。南炕温暖向阳，一般属于长辈或客人，北炕则留给晚辈住。睡觉时，头冲着炕的外沿，脚抵着墙。满族人以西为尊，西炕一般用来供奉祖先，也叫"佛爷炕"，家人不许坐卧，更不准乱放狗皮帽子、皮鞭等杂物。因此，西炕会砌得很窄。在炕上睡觉时也有规矩，头部必须垂直于炕沿方向，不准平行于炕沿方向。满族人无论是做饭还是烧水，热气都会通过火炕，因此，火炕总是热的。

满屋都是炕

　　朝鲜族的传统房屋墙很薄，不大保暖。于是，他们会把火炕砌得特别大，差不多占整个房间的2/3。火炕上放着家具，人在炕上活动。最特别的是，这种炕不是直接砌在地上的，而是"埋"在地下，炕面只比地面高出一点点。

节日
璀璨的风俗

岁首节

在你看来，春节大概就是吃美食、穿新衣、贴春联、家人团聚吃年夜饭、串门拜大年吧？你知道吗？在东北虎豹国家公园一带，朝鲜族还有别的风俗。他们把春节叫岁首节，会在墙上挂"福笊（zhào）篱"。笊篱用细竹条编成，像个漏勺，寓意滤掉坏运气，留下好运气。

月圆去"滚冰"

在正月十五元宵节这天晚上，满族人会相邀着到河边"滚冰"。大家三五成群地在月光中走到河边，在冰上打滚儿，寓意滚走疾病和烦恼，滚来健康和幸福。

雌绳和雄绳

对于朝鲜族人来说，过元宵节一定要拔河才好。村屯里的人都来参加，甚至会请来乐队助兴。拔河用的绳子是稻草、葛藤编成的，直径有 0.5~2 米，长度可达几百米。绳子的一头代表雄绳，另一头代表雌绳，如果雌绳那头赢了，就预示着这一年会丰收。因此，雄绳这头的人总会故意"放水"，让雌绳那头取得胜利。

端午"踏露水"

在满族人那里，端午节又叫药香节。这天，他们会包粽子、做香包，在家里挂艾草，给孩子佩戴五色线，并到郊外去"踏露水"。相传，如果在端午节这天早上用露水洗脸、洗眼睛，可以洗去一年的灾病，还能让眼睛变得更明亮。

荡秋千比赛

在朝鲜族中，荡秋千是年轻女子的"特权"。每逢端午节、中秋节或农闲时，她们就穿上彩色长裙，在秋千上尽情悠荡。她们还会举行比赛，在秋千上悬挂铃铛，人荡到高处时要用脚去踢铃铛，谁踢响的次数多，谁就获胜。

美食
舌尖上的生活

猪肉炖粉条

猪肉炖粉条，荤菜、素菜一锅炖，热腾腾地端上桌，看着就暖和。相传，这道菜起源于四川，唐朝时传入东北，此后"发扬光大"。

小·鸡炖蘑菇

东北炖菜中的又一个"杰出代表"，蘑菇最好是干榛蘑，还可以加入粉条。东北有句老话说："姑爷进门，小鸡断魂。"大意是，新姑爷陪媳妇回娘家，娘家一定做小鸡炖蘑菇。

炖酸菜

东北的酸菜是用大白菜腌制的，可以炖血肠、炖五花肉、炖大鹅……非常百搭。

锅包肉

原本叫"锅爆肉"，是将猪肉裹上面糊后，用热油炸得外焦里嫩，然后浇上芡汁，酸甜可口。

江米鸡

江米是糯米的一种。这道美食是主食与菜肴的完美融合。炖煮时，还可加入大枣、枸杞、松仁、蜂蜜等配料。

米肠

在洗净的猪肠或牛肠中塞满糯米和配菜，味道鲜香，肥而不腻。

黏豆包

满族人过冬的美食，用黄米面做皮，用红豆沙拌上白糖等做馅，包好蒸熟，吃起来又黏又糯。

朝鲜冷面

筋道的面条，配上冰镇的牛骨汤或牛肉汤，甜、酸、辛、辣、香五味俱全，非常适合在炎热的夏季享用。

泡菜

用大白菜加入红辣椒粉等调料腌制而成，因此又叫辣白菜。泡菜可以作为下饭的小菜，也可以用来煮汤。

大酱汤

大酱就是黄豆酱。大酱与牛肉、豆腐、辣椒、蔬菜等一起熬煮成的大酱汤，是朝鲜族的餐桌上不可或缺的一道美味。

萨其马

名字来自满语，也叫沙琪玛，在汉语中是"糖缠"或"糖蘸"的意思，是满族的传统甜品，用面粉、白砂糖、鸡蛋等做成。

艺术
活色生香的美

嬷嬷人儿

在满族的传说中，有一个嬷嬷神。在古代，人们举行祭祀时，会用鱼皮、鹿皮、桦树皮等刻画嬷嬷神的形象，后来就发展成了剪纸艺术。人们把这种剪纸叫作"嬷嬷人儿"。直到今天，逢年过节时，满族人还是会剪一些嬷嬷人儿贴在家里，祈求幸福平安。

短短的尾巴，树枝一样的角，这是一只回头的鹿，你认出来了吗？

满族人的剪纸

"小剪刀，真灵巧，剪只公鸡喔喔叫，剪只小狗蹦蹦跳……"歌谣里唱的剪纸，你一定不陌生吧！在东北虎豹国家公园聚居区内，剪纸一直是满族人的一项传统民间艺术。

"嬷嬷人儿"有男有女，但以女性居多，服饰和打扮都是满族风格：身着长袍马褂，男性留长辫，女性梳旗头。

变形的艺术

满族常年与动植物打交道，因此把这些生灵也剪了出来。无论剪的是动物还是植物，都运用了夸张和变形的手法。剪纸简练、粗犷，充满蓬勃的生命力。

这幅剪纸有4只"乌龟"，无论横折、竖折、对角线折，都完全重合。

在满族剪纸中，人参通常化身为一个胖娃娃。你看这个人参娃，头顶上有一簇圆圆的小珠子，这就是人参的红色浆果。

红色的记录

剪纸是满族人记录生活的一种方式，大事小情都可以信手剪几张出来。剪纸所用的纸张大多是红色，象征喜庆、吉祥。

把宝宝放在"悠车"里，再吊到房梁上，这就是东北的八大怪之一——"养活孩子吊起来"。大人用手轻轻摇晃悠车，宝宝躺在悠车里很快就睡着了。

过年的时候，人们会把一些剪纸贴在窗户上。这就是窗花，充满浓郁的民俗情趣。

二人转

散发着泥土芬芳的古戏

二人转不只是两个人"转"

二人转在东北"土生土长"，已经经历了300多年的时光。表演时，一般是一男一女，也有一个人或三个人一台戏的。

四大基本功

就像京剧有唱、念、做、打一样，二人转也有四要素——唱、说、做、舞。其中，唱，指唱出故事和感情；说，类似于相声讲段子，说一些幽默俏皮的语言；做，是指扮演的角色惟妙惟肖；舞，从东北大秧歌转化而来，也融入了一些民间舞蹈和武术动作。

苦练出绝活

二人转演员有一样绝活——"手绢功"。手绢被高高抛起后，还能接在手里转个不停。还有一样绝技叫"不倒翁"，表演时，演员身体倾斜，和地面保持30度角。这一招需要经过多年的苦练。

扭秧歌啦

秧歌起源于田间地头，可能是古人在插秧、拔秧的间隙所进行的娱乐活动，以放松身心、缓解疲劳。也有人认为，秧歌起源于古代祭祀活动，人们通过载歌载舞来祈求粮食丰收。秧歌俗称"扭秧歌"，演员边小跑边跳舞，手上还会拿着扇子、手绢等。无论男女老少，都可以扭秧歌，有时会多达几百人表演，搭配喧天的锣鼓、嘹亮的喇叭，十分热闹喜庆。

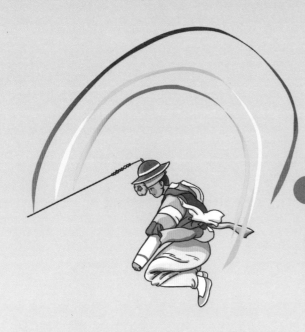

朝鲜族农乐舞
朝鲜族人的舞蹈

"摇头晃脑"的象帽舞

朝鲜族农乐舞是在古代农业生产和祭祀中形成的，用来庆祝和祈求丰收。象帽舞是其中一种富有代表性的舞蹈，需要人不停地"摇头晃脑"，使帽子上的彩带快速旋转，画出一圈圈耀眼的彩环。跳这种舞需要很高的技巧，要一边甩象帽，一边做出大象跳跃、跨步、俯身等高难度动作。

有人说，象帽舞是古代朝鲜族人在种田时受到野兽侵扰，于是把大象尾巴上的毛绑在帽子上，甩动起来把野兽吓跑。也有人说，象帽舞是在狩猎中诞生的：朝鲜族人的先民打到猎物后，甩动头发来庆贺。

今天，象帽的彩带大都由玻璃纸制成，短的 1 米左右，长的足有 12 米。彩带越长，甩帽的难度越大。

各显神通的乞粒舞

古时候，朝鲜族人用米交换物质。青黄不接的时候，还会组织歌舞队去富有的人家表演，请他们资助。乞粒舞大概就是在这种情境下诞生的。入场时，走在最前面的是象帽舞演员；中间是舞队指挥、长鼓手、圆鼓手等；排在最后的是"双层舞"演员，男演员的肩上站着一个小演员，小演员手中挥舞着彩绸或鲜花。表演开始后，大家各显神通，可以即兴表演。

历史名人

时光长廊里的回音

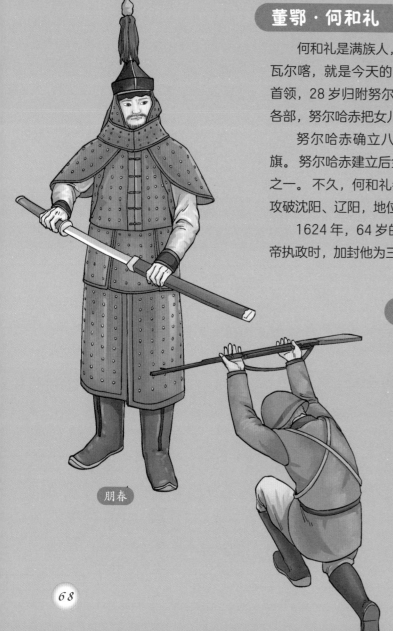

朋春

董鄂·何和礼

何和礼是满族人，清朝（后金）开国名将。祖先原居于瓦尔喀，就是今天的吉林珲春。他26岁时，任栋鄂部首领，28岁归附努尔哈赤，跟随努尔哈赤统一了女真各部，努尔哈赤把女儿东果格格嫁给了他。

努尔哈赤确立八旗制后，何和礼被编入正红旗。努尔哈赤建立后金后，他又成为开国五大臣之一。不久，何和礼参加萨尔浒战役，又随军攻破沈阳、辽阳，地位更加显赫。

1624年，64岁的何和礼病逝，努尔哈赤痛哭送别。雍正皇帝执政时，加封他为三等勇勤公。

朋春

朋春是何和礼的重孙，又名彭春，清朝顺治时期袭封一等公，后于康熙时期加太子太保。他曾参加了平定三藩之乱的战争，立下战功。

罗刹（沙俄）入侵边境后，康熙皇帝命朋春率兵前往黑龙江，了解沙俄军队形势。朋春归来后，建议造战船。康熙皇帝提拔他为正红旗满洲副都统。1685年，朋春奉命进剿俄军。他先是派人前往被沙俄侵占的雅克萨城，劝降俄军。俄军拒降。他又派出水军、陆军，两路夹攻俄军，还把红衣大炮排列在城前，在城下堆满柴火，做出要烧城的样子。俄军惊骇，乞求投降。朋春宽恕了他们，释放了俄军俘虏。

朋春成了抗击沙俄入侵的民族英雄，此后，他又参加平定准噶尔部噶尔丹的叛乱，后因病解职。

萨布素

　　萨布素是满族人，富察氏，镶黄旗，爱国将领，抗俄名将，民族英雄。康熙皇帝在黑龙江建城时，钦定他为第一任黑龙江将军。

　　萨布素身负重任，严防死守黑龙江流域，并屯田种地，造船备炮，加强军备。当时，沙俄已经入侵，大肆抢劫牲畜、毛皮，并在雅克萨筑城。萨布素带兵扫荡各个据点的俄军，俄军节节败退，使雅克萨成为孤城。

　　侵略军残部撤往尼布楚，萨布素前去参加中俄边界谈判，促成双方签订《尼布楚条约》，迫使沙俄暂时停止对黑龙江流域的侵略。

　　萨布素重视教育，设立了龙城书院，开创了黑龙江建学的先河。此后，他跟随康熙皇帝征战噶尔丹叛乱，锐不可当，再立战功。

吴大澂

　　吴大澂（chéng）是苏州人，清朝官员、学者、书画家，民族英雄。光绪年间，沙俄不断越境挑衅，都察院左副都御史吴大澂巡视边境防务后，发现从珲春河到图们江500多里的边境线上，竟然一根界桩也没有；黑顶子山一带早已变成俄国兵营。于是，他与俄方进行了艰苦谈判。沙俄人强词夺理，说海潮涨到哪里，哪里就是大海，就是俄国领土！吴大澂驳斥道："若海水倒灌到长白山，长白山也是俄国的？"

　　经过吴大澂的据理力争，部分国土重回祖国。虽然看似不起眼，但这是整个清朝历史上唯一的一次从谈判桌上拿回土地，维护国家领土完整。谈判结束后，吴大澂铸下铜界碑，镌刻下铮铮誓言：疆域有表国有维，此柱可立不可移！

神话传说

聆听另一种声音

老爷岭的传说

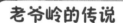

　　古时候，长白山支脉老爷岭一带分布着很多部落，他们以打猎、捕鱼、采集野果为生。随着人口越来越多，部落之间为了争夺地盘，经常爆发战争。其中，库雅喇（lǎ）部生活在老爷岭主峰南侧的一片土地上。这片土地十分神秘，号称"迷魂阵"，不熟悉地形的人走进这里，十有八九会迷路。库雅喇部的酋长英勇善战，他带领族人与虎豹豺狼拼搏，还吞并了周围大大小小的部落。酋长去世后，族人把他葬在"迷魂阵"中，为他立了两块石碑，记录他的生平伟业。不久之后，族人便陆续迁到山下安家落户了。由于酋长又被称为老爷，为了纪念他，族人便把这座山叫作老爷岭。在他们眼中，老爷岭是一座神山。很多年过去了，库雅喇部落的后人曾经进山寻找酋长的墓与石碑，结果一到"迷魂阵"就会迷失方向。有人曾自称偶然见到了墓与石碑，第二天特意去找时，却又无迹可寻了。

穆棱河的传说

很久以前，穆棱河还叫穆棱江。江边住着一个靠打鱼为生的王姓老人。这天，他捕到一条小青鱼。忽然冒出一道青烟，小青鱼化作一个年轻人。年轻人自称龙三公子，送给老人一颗珍珠，说只要把珍珠滚三滚，想要的东西就会出现。

有了珍珠，王老汉每天都变出一网的鱼出来。一天，财主张大赖听说了珍珠的秘密，把珍珠抢走了，还把老人扔进了江里。张大赖想要金银财宝，他反复试了十几次，也没见到金银财宝出现。他气急败坏，把珍珠砸得粉碎。就在这时，突然涨起大水，把张大赖淹死了。老人被龙三公子救了起来。后来，龙三公子离开穆棱江，搬到东海去了。穆棱江慢慢就变窄、变浅了，人们改叫它为穆棱河。

棒槌鸟的故事

三百多年前，一个叫李五的人从山东来到东北挖人参。可是，一连好多天，他一株人参也没有挖到。他孤苦无依，思乡心切，十分苦闷。

有一天，李五在山里碰到一个叫王干的老乡，王干和他的遭遇一模一样，两人越说越投缘，当即结拜为兄弟。李五小一岁，就认王干为义兄。此后，李五和王干便相互照应。李五摔伤了腿，王干把他背下山，为他采药、熬药，无微不至地照顾他。李五对王干非常感激。

这天，李五病好后，两人又去挖人参，一个去了南山，一个去了北山。傍晚时分，李五回到住处，发现王干还没有回来，他等了又等，等到天完全黑了，也不见人影。李五在门口架起火堆，希望王干远远地能看见，好找到下山的路。苦等了一晚上，王干也没有回来，李五连忙进山去寻找。他一边找一边高声喊道："王干哥——王干哥——"可是喊来喊去，回答他的只有大山的回声。

不知过了多久，李五耗尽体力，死去了。

李五的灵魂变成了一只小鸟，依然没有放弃寻找王干。它总是在有人参的地方出现，嘴里不停鸣叫着："王干哥——王干哥——"声音十分凄切。由于当地人又把人参叫作棒槌，所以这种小鸟也被称为棒槌鸟。

绿罗女和红罗女

在珲春，有一座连城山，山上曾经有座城，传说是一个叫宽永的人所建。

宽永原本是苏昌王，住在苏昌城里。他有个外甥叫金亚太子，金亚太子娶了红罗女、绿罗女两姐妹为妻。有一天，金亚太子骑着白马，带绿罗女来苏昌城看望舅舅。宽永见绿罗女生得如花似玉，就想把她抢到手。

宽永趁着金亚太子半夜熟睡时，杀死了金亚太子，把绿罗女软禁起来。

绿罗女想报信给姐姐红罗女，便找机会把书信绑在金亚太子的白马尾巴上，对白马说："白马啊，如果你有灵性，就赶快回家报信！"

白马撒开四蹄飞驰而去。

白马回到国都，不住地哀鸣。红罗女大吃一惊，发现了绑在马尾上的信。

红罗女看完信，连夜发兵征讨苏昌城。宽永很快溃败下来，他装扮成士兵，混在人群里，逃出了包围圈。

红罗女救出了妹妹，她们都以为宽永已经死了，就率军回去了。

宽永向南逃到一座山上，用石头砌了一座城，躲在里面。因为这里城连着山，山连着城，人们就把这座山叫作连城山。

图书在版编目（CIP）数据

你好，国家公园.东北虎豹国家公园 / 文小通著；
中采绘画绘 .—— 北京：光明日报出版社，2023.5
　ISBN 978-7-5194-7128-6

　Ⅰ.①你… Ⅱ.①文…②中… Ⅲ.①东北虎－国家
公园－东北地区－儿童读物②豹－国家公园－东北地区－
儿童读物 Ⅳ.① S759.992-49

中国国家版本馆 CIP 数据核字 (2023) 第 072176 号

Books Bear
布克熊童书

会 讲 故 事 的 童 书

你好，国家公园

大熊猫国家公园

文小通 著　中采绘画 绘

光明日报出版社

走进国家公园

国家公园（National Park）是指由国家批准设立主导管理，边界清晰，以保护具有国家代表性的大面积自然生态系统为主要目的，实现自然资源科学保护和合理利用的特定陆地或海洋区域。

世界自然保护联盟则将其定义为：大面积自然或近自然区域，用以保护大尺度生态过程，以及这一区域的物种和生态系统特征；提供与其环境和文化相容的精神的、科学的、教育和游憩的机会。

走进国家公园的"走进"一词，与一般的行走与进入不可相提并论，它威严、慈爱而神圣，它让人有进入别一种世界的感觉，它是在回答"你从哪里来"的所在，它是我们所有人难得的寻根之旅。它内涵有庄重的仪式感——仰观俯察，上穷碧落宇宙苍茫，敬畏天地之心顷刻油然而生；虎啸豹吼，震动山林草木凛然，生命之广大美丽能不让人境界大开？当可可西里的湖泊，宁静而悠闲地等候着藏羚羊前来饮水，当藏羚羊自恋地看着湖水中自己的倒影，会想起诗人说："等待是美好的。"这些藏羚羊，它们在奔跑中生存、生子，延续自己的种族，它们寻找着荒野上稀少的草，却挤出奶来；对于生存和生命的观念，它们和人类大异其趣，孰优孰劣？可可西里不语，藏羚羊不语，野湖荒草不语。人有愧疚乎？人有所思矣：对人类文明贡献最大的是水与植物，"水善下之，利万物而不争"，植物永远是沉默的，开花也沉默，结实也沉默，被刀斧霸凌砍伐也沉默。它默默地组成一个自然生态群落的框架，簇拥着高举在武夷山上，为人类的生存发展，拥抱着、守望着所有的生物——从断木苔藓到泰然爬行的穿山甲，到躲在树叶背后自由鸣唱的各种小鸟，其羽毛有各种异彩，其声音极富美妙旋律，这里是天籁之声的集合地，天上人间是也。

亲爱的孩子，你要轻轻地轻轻地走路，万勿惊扰了山的梦、树的梦、草的梦、花的梦、大熊猫的梦……你甚至可以想象：它们——国家公园的梦是什么样？

徐　刚

毕业于北京大学中文系，诗人，作家，当代自然文学写作创始人，获首届徐迟报告文学奖、冰心文学奖（海外）、郭沫若散文奖、报告文学终身成就奖、鲁迅文学奖、人民文学奖等

目录

大熊猫国家公园

位于全球地形地貌最复杂的地区之一
跨四川、陕西、甘肃三省

地处秦岭、岷山、邛崃（qiónglái）山、
大小相岭山系

多数山体海拔 1500~3000 米，最
高海拔 5588 米，最低海拔 595 米

多相对高差 1000 米以
上的深谷

有 5 个水系，属长
江流域和黄河流域

兽类 141 种

鸟类 338 种

鱼类 85 种

两栖和爬行类 77 种

种子植物 3446 种

人口所属民族包括彝族、汉族、苗
族、壮族、藏族、傈僳（lìsù）族、
纳西族等

咩咩……吱吱……哈哈哈……不用说你们也知道,我是经常出国参与"外交"的大熊猫!我定居在大熊猫国家公园,如果你们来到我的地盘,我一定会用最好吃的竹子招待你们——哦,对了,你们人类"挑食",不爱生吃竹子,那我就介绍我的邻居给你们认识,保证让你们大开眼界。

大熊猫
人见人爱的国宝

物种身份证

姓名：大熊猫
别名：猫熊、竹熊、
银狗、洞尕（gǎ）、
貘（mò）等
纲：哺乳纲
目：食肉目
科：熊科
现状：易危

除了"黑白配"，大熊猫还有其他颜色，在秦岭还有一种棕色大熊猫，全身覆盖着棕黄色的毛，被称为"金丝大熊猫"。

是萌兽也是猛兽

胖嘟嘟的身体、内八字的脚步、憨态可掬的样子，这是大熊猫。大熊猫的祖先是始熊猫。千万不要被大熊猫憨厚的外表欺骗了，它们也是"狠角色"，有解剖刀一般锋利的爪子、强大的咬合力、发达有力的前后肢，在山地也能达到每小时 40 千米的奔跑速度。

不怕冷也不怕湿

大熊猫生活在海拔两三千米的地方，那里云雾弥漫，空气稀薄，温度低于 20℃，湿度很大。多亏那平均厚度约 5 毫米的皮肤，它们才不怕湿寒，即使在寒冷的冬天，也能自在地穿行于白雪很厚的竹丛间。黑白相间的"限量款皮衣"不容易被天敌发现。由于长期生活在阴暗的竹林里，大熊猫的视力很差。

除了吃就是睡

大熊猫主要吃竹子，偶尔也吃野花野草、蜂蜜、竹鼠等。大熊猫每天大约一半时间在吃东西，一半时间在睡大觉。刚出生的大熊猫幼崽体重通常只有100克左右，是妈妈体重的千分之一。幼崽的皮肤粉粉嫩嫩，上面有细细的白色绒毛，在一到两周后，一些地方颜色开始变深。大熊猫妈妈会将幼崽抱在怀里，活动时，则把幼崽衔在嘴里。幼崽像人类一样吃母乳，半岁时才会学吃竹子，一岁半时独立生活。

由于竹子缺乏营养，一只成年大熊猫每天要吃几十千克竹子，才能获得保证机体正常活动的能量。

小熊猫

挂在树上的"小熊猫果"

物种身份证

姓名：小熊猫
别名：红熊猫、红猫熊等
纲：哺乳纲
目：食肉目
科：小熊猫科
现状：濒危

奇特的长相

小熊猫可不是大熊猫的宝宝，它们甚至不是一个科的动物。小熊猫的大尾巴有棕白相间的九节环纹，因此它们又叫九节狼。

山闷墩儿

小熊猫的脚底长着厚密的绒毛，走在滑湿的苔藓或岩石上会步履蹒跚，看起来憨憨的。作为树栖动物，它们多数时间都在树上，还特别爱在山头上晒太阳，被称为"山闷墩儿"。

为什么举起双手

小熊猫胆子小，它们举起双手是因为被吓到了，感受到了危险，以这种方式让自己看起来更强大，震慑对方，也方便用锐利的前爪发动攻击。小熊猫的听觉和视觉很不好，但舌头上有突起，能捕捉空气中的气味，让它们能有效躲避青鼬、金钱豹等天敌。

爱吃甜食

小熊猫爱吃竹子、植物花叶，还喜欢甜食，会搜寻浆果吃，爬树掏鸟窝更是它们的拿手好戏。

秦岭羚牛
神秘的"六不像"

物种身份证

姓名：秦岭羚牛
别名：秦岭金毛扭角羚等
纲：哺乳纲
目：偶蹄目
科：牛科
现状：易危

六不像

海拔 3700 多米的太白山上，生活着"秦岭四宝"之一的秦岭羚牛。它们是秦岭山脉的特有动物，俗称"六不像"。这是因为它们的头似马、角似鹿、蹄似牛、尾似驴，体形似牛又似羊，在亲缘关系上更接近于羊……它们的脖子下还长着垂毛，就像戴着时尚的围脖，一对翻转扭曲的角，让它们看起来气质更加独特。

羚牛中的"男子汉"

夏天，它们在高海拔地带觅食；秋天，它们会迁徙到山下，采食植物籽粒、百合、箭竹、灌木嫩枝等。秦岭羚牛集群行进时，雄性羚牛走在最前和最后，中间是被它们保护着的雌性羚牛和幼牛。当它们集体活动时，会有一头强壮的雄牛屹立在高处放哨，一旦出现危险，头牛会冲在前面。

去毒的绝招

秦岭羚牛生有分叉的偶蹄，能够攀爬于高山之间，纵横于悬崖峭壁之上。石灰岩和泥土中含有盐分，它们会用蹄子刨开地面，以获得身体需要的天然盐。秦岭羚牛的食料至少有 100 多种，有些是中草药，可抵御疾病。由于喜欢舔盐，秦岭羚牛被称为"食盐兽"。

川金丝猴

蓝面孔，仰天鼻

物种身份证

姓名：川金丝猴
别名：狮子鼻猴、仰鼻猴、
蓝面猴、洛克安娜猴等
纲：哺乳纲
目：灵长目
科：猴科
现状：濒危

金披风，蓝面孔

世界上最华丽的金丝猴家族，就在我们中国，其中一群就生活在大熊猫国家公园，被称为川金丝猴。它们毛色金黄，犹如金色披风，在阳光下熠熠发光，而且，年龄越大，毛色越深；有趣的是，它们鼻孔上仰，有一张浅蓝色的桃心面孔，令人过目难忘。

进化了亿万年的鼻子

川金丝猴生活在海拔 1500~3300 米的高山森林中，那里寒冷潮湿，空气稀薄，氧气不足，好在它们的鼻骨很短，能减少吸气时的阻力。为了适应这种环境，川金丝猴经过亿万年的进化，才使鼻梁骨退化，形成鼻孔上翘的仰天鼻，所以，它们也叫"仰鼻猴"。

天生的好胃口

川金丝猴有一个复室胃，这使得它们可以吃很多东西，如嫩茎叶、花朵、果实、种子等，偶尔也会捕食鸟类，吃鸟蛋和昆虫。

严格的等级

与《西游记》中的美猴王不同，川金丝猴部落里没有猴王，而是多个小家庭在一起群居，由地位最高的猴子担任"大家长"，成员之间相互照顾，一起觅食、嬉戏。不过，地位低的家庭只能在大群的边缘地带活动，还要在地位高的同伴们进食、睡觉时站岗放哨，防止豺、狼、豹、雕、鹫等天敌偷袭。

孤独的雄猴，热闹的雌猴

一般雄性川金丝猴长到3岁左右，就会被驱离出家庭，独立步入"江湖"。雄猴一般单独活动，很少与同伴互动；雌猴则喜欢扎堆，亲昵地相互梳毛。如果遇到危险，川金丝猴会把幼崽放到群体中间保护，不会区别对待。虽然雄猴在白天是孤傲的，但在寒冷的夜晚，还是会和同伴们聚在一起在树上睡觉，依靠彼此的体温抵御冷风。

藏酋猴：
长着浓密须发的"毛面猴"

藏酋（qiú）猴是中国特有的物种，也是中国最大的猕猴，能长到70多厘米高。由于头顶上的毛毛从中间向两边披散，面颊和下巴也生有浓密的须发，乍一看就像长着络腮胡子，因此也被称为"毛面猴"。它们不喜欢上树，而是喜欢在地面游荡。

金猫
独来独往的 "夜行客"

物种身份证

姓名：金猫
别名：原猫、芝麻豹、狸豹、乌云豹等
纲：哺乳纲
目：食肉目
科：猫科
现状：近危

小鹿

沉默的独行侠

金猫有猫的形态，有猎豹的凶猛，体态优雅，总是踽踽独行。金猫白天睡在树洞里，晚上变成 "夜行客"。它们拥有猫科动物中最灵敏的外耳，仿佛 "小雷达"，能探测到微小的声音，从而精准地定位猎物。它们通常捕猎小鹿、红腹角雉等动物。

金猫不喜欢与人类相遇，它们甚至会刻意回避人类，所以，即使是常年行走在山间的护林员，对金猫都是 "只闻其名，不见其踪"。

金钱豹：穿 "豹纹大衣" 的猛兽

金钱豹 "豹纹大衣" 的隐蔽性很强，在斑驳树影中，几米之外也很难发现它们的存在。它们时常居高临下地藏身树上，等猎物经过时一跃而下。它们也会悄悄潜行，等接近猎物后，再以迅雷不及掩耳之势发起偷袭。金钱豹奔跑的时速可达 80 千米。眉毛上的几根长长毛发，能使它们在奔跑时避免被灌木伤到眼睛。夜里，它们的瞳孔会放大，使它们能看清猎物。胡须还能帮它们感知自己与猎物的距离。

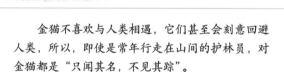

花面狸：
小野猫一样的猫科动物

花面狸又叫果子狸，小而敏捷，善于攀缘。它们白天睡觉，夜里出动，一遇到危险，肛门腺就释放出有刺激性气味的 "毒气弹"，然后趁机溜之大吉。

林麝
娇小玲珑的精灵

娇小·玲珑的物种

在麝家族中，体形最娇小的就是林麝。林麝是我国特有的珍稀物种，毛是"自来卷"，最显眼的是脖子两边的白色宽带纹，好像戴了一条毛围脖，让它们显得非常时尚。雄性尖尖的牙露在外面，看起来就像小镰刀一样。不过，它们是吃素的，树叶、苔藓、地衣、野果等是它们的主食。

孤僻而警惕

林麝性情孤僻、胆小，视觉和听觉灵敏，一听到特殊声音就迅速藏匿或逃离。豹、狐狸、狼、猞猁等是它们的天敌。林麝擅长跳跃，能在平地跳起两米多高，在险峻的悬崖峭壁也能轻快地行走，还能站立于树枝上。

林麝简直就是跳高健将。

也是跳远健将。

水鹿： **喜欢泡澡的鹿**

水鹿是最原始的小型鹿科动物，非常敏感、羞涩，体重最重的可达300多千克。水鹿大多单独行动，每天按照一定的路线在水边吃一些草、叶、浆果等。它们喜欢游泳、"泡澡"，所以叫"水鹿"。鳄鱼和虎是它们的天敌。

小麂

森林中的小可爱

物种身份证

姓名：小麂（jǐ）
别名：山吠鹿、犬麂、角麂、山羊等
纲：哺乳纲
目：偶蹄目
科：鹿科
现状：无危

小麂不是小鹿

小麂有时会被错认为是鹿的幼崽，它们能发出类似狗叫的声音，也叫"山吠鹿"。其实它们不是鹿，是麂中体形最小的一种，为中国所独有。小麂体长 70~87 厘米，体重也只有 10 多千克，看起来和狗差不多大。雄小麂脸上有两条黑纹，像大写的"Y"，雌小麂额顶上有一块黑斑，犹如一面盾牌。

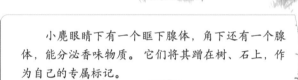

小麂眼睛下有一个眶下腺体，角下还有一个腺体，能分泌香味物质。它们将其蹭在树、石上，作为自己的专属标记。

时刻保持警惕

小麂胆小，总在夜间单独寻找野果、青草、嫩叶吃。几乎所有的中型食肉动物都能威胁到小麂，小麂受到惊吓后，会扬起尾巴，露出下面的白毛，作为警示，然后跳跃着躲入陡峭的峡谷。

水獭：花样游泳选手

水獭（tǎ）也叫鱼猫、水狗、水毛子、水猴等，是哺乳纲鼬科动物。水獭能像潜水艇一样在水里自由浮沉。它们把前肢紧贴身体，以减少阻力；用后肢和尾巴拍水，就像桨一样，推动自己波浪般起伏前行。它们还常常踩水，只露出头和脖子。它们的鼻孔和耳道里长有瓣膜，能自动关闭，防止水灌进鼻腔和耳朵。不过，一旦登陆，画风就变了，因为它们在陆地上行走很笨拙，大都用肚子贴着地面匍匐前进、滑行或者打滚。

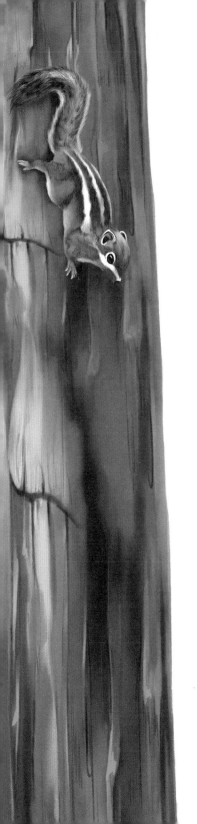

隐纹花松鼠

超级大吃货

物种身份证

姓名： 隐纹花松鼠
别名： 豹鼠、花鼠、
刁灵子等
纲： 哺乳纲
目： 啮齿目
科： 松鼠科
现状： 濒危

上树和下树的本事

隐纹花松鼠一身黑白条纹的"外套"很是拉风，它们的个头只有大约 13 厘米长，清晨和黄昏是隐纹花松鼠最喜欢的时刻，它们以"之"字形的路线爬树，以大头朝下姿势快速下树，如履平地，就像会轻功一样。它们睁着眼睛睡觉，模样怪怪的。

严重的收藏癖

隐纹花松鼠最爱吃松子、板栗等坚果，有时也吃鲜嫩的苔藓和地衣，饿极了还能吃昆虫。它们摄食一次大概只要 9.9 秒，因为没有颊囊，没法临时储存食物，只能快速吃下去。它们经常在树洞或缝隙中储存坚果，准备过冬时吃。

灰鼯鼠：天生会滑翔

灰鼯（wú）鼠是松鼠科动物，胆子小，晚上觅食，一受到惊吓，就飞速滑翔到树丛中藏起来。它们不是真的会"飞"，而是依靠前后肢之间的翼膜从高处向下滑翔，看上去像飞一样，总被误认为是鸟。

秦岭雨蛙
爱挑剔的蛙

物种身份证

姓名：秦岭雨蛙
别名：秦岭树蟾
纲：两栖纲
目：无尾目
科：雨蛙科
现状：无危

挑剔的蛙

秦岭雨蛙是秦岭特有的物种，长得娇小玲珑，成年后也只有 4 厘米左右。它们多靠近水源，以及杂灌、树叶或湿地生活，所以，有它们就代表此处生态环境好。秦岭雨蛙一身碧绿，与青草相似，使它们能隐匿其中，躲避天敌。白天，秦岭雨蛙潜伏在石缝或洞穴里，晚上则大展歌喉。雄蛙有一个外声囊，就像扩音器一样，让它们叫声清亮。秦岭雨蛙能上树，也叫秦岭树蟾。它们依靠指端的大吸盘吸附在树上、草叶上，从容地捕食蝉、蚜虫、蚊子、蝇等。

山溪鲵：善于伪装的两栖动物

在高山溪流中，有一种山溪鲵，似蜥非蜥，似鱼非鱼，是一种两栖动物。它们善于伪装，一感到危险就弯曲着身体一动不动。因体表有湿滑黏液，不易被捕捉。

游隼
猛禽中的"战斗机"

长相不凡

游隼的长相极有威慑力，体长 40~50 厘米，平时飞行时速为 50~100 千米，是鸟类中俯冲最快的；当它们从空中袭击猎物时，时速最快可达 300 多千米。高速飞行充满危险，哪怕被一粒细小的沙子击中眼睛，也能瞬间失去生命。不过，游隼长着"第三眼睑"，就是瞬膜，可以保护眼球；它们的眼泪黏稠，不易蒸发，也能保护眼睛。

物种身份证

姓名：游隼（sǔn）
别名：花梨鹰、鸽虎、鸭虎、青燕等
纲：鸟纲
目：隼形目
科：隼科
现状：无危

了不起的实力派

游隼的鼻子上有一个锥体，能让气流顺畅地通过鼻子进入体内。人类发现后，在喷气式飞机的进气口处也设计了一个锥体。

游隼是货真价实的实力派，能承受超过自身体重 25 倍的重力。要知道，战斗机飞行员在进行俯冲时，所能承受的最大重力也才是自身的 9 倍，25 倍的重力足以让飞行员失去意识和知觉。有了这么大的本事，即使遇上比自己大很多的金雕、矛隼、红鹳等，游隼也不畏惧。

红鹳

白肩雕：厉害的角色

白肩雕又叫御雕，是大型猛禽，体长七八十厘米，地上的野兔、雉鸡、野鸭等一旦被它们盯上，就只能化作其腹中餐。白肩雕不飞时，会在空旷处选一孤树或岩石伫立上面，就像凝住了一样。

朱鹮

罕见的"东方宝石"

物种身份证

姓名：朱鹮（huán）
别名：亚洲朱鹮、日本朱鹮等
纲：鸟纲
目：鹳形目
科：鹮科
现状：濒危

朱鹮在繁殖季羽毛会变色，由白色变成灰色。这是因为它们脖子的肌肤能分泌灰色色素，朱鹮洗澡时，脖子和背部会被染得灰黑，看起来就像变了色似的。

美丽的吉祥鸟

朱鹮的头上还长有柳叶形羽冠，脸颊鲜红，当它们展翅飞翔时，犹如神鸟降临，古人认为它们能带来祥瑞，故称它们为"吉祥之鸟"。它们不喜欢社交，不愿意被别的鸟打扰。它们离开一个地方，就说明这个地方的生态环境变差了。朱鹮孤僻、沉静，一般只有起飞时鸣叫。朱鹮栖息的树下往往有一层白色粪便，蛇会循着粪便的气味找到这里，悄无声息地爬上去捕食鸟蛋或幼鸟。

东方白鹳："鸟中国宝"

东方白鹳是大型涉禽，主要吃小鱼、蛙、昆虫等。它们休息时常单足默立，优雅而高贵，有"鸟中国宝"之誉。东方白鹳需要助跑一段才能起飞，也能利用热气流盘旋滑翔，这让它们能够远距离迁徙，现濒临灭绝。

东方白鹳

黑鹳：需要助跑的鸟

黑鹳是大型涉禽，体长1~1.2米，黑鹳不喜欢社交，白天多单独活动，晚上才凑到一起在沙滩或水中沙洲上睡觉。它们的听觉和视觉都很发达，每次起飞，它们都像撑竿跳运动员一样先助跑，然后用力扇动翅膀飞起来。

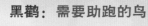

黑鹳

红腹锦鸡

胆小的"火凤凰"

物种身份证

姓名： 红腹锦鸡
别名： 金鸡、采鸡等
纲： 鸟纲
目： 鸡形目
科： 雉科
现状： 无危

优雅的山鸡

红腹锦鸡是中国独有的鸟类。雄鸟披着绚丽的彩衣，优雅高贵，美如凤凰。晚上，它们就睡在树上。它们上树的姿势非常有趣，从很低的枝条一阶一阶地往上跳，"扑扑"地盘旋而上，似乎把自己会飞这件事给忘了。红腹锦鸡生性机警，胆子极小。它们有敏锐的视觉和听觉系统，稍有一点儿声响，就四下逃散。红腹锦鸡的菜单有野豌豆、野樱桃、蕨菜、野蒜、酢浆草、橡子等，还经常搜寻甲虫、蠕虫等打牙祭。

绿尾虹雉：鸟中"大熊猫"

绿尾虹雉是大型鸟类，体长 70~80 厘米，为中国独有物种，野外只有 2000 多只，珍稀程度堪比大熊猫。

红嘴相思鸟：坚贞的爱情鸟

红嘴相思鸟是画眉科小鸟，世界"十大爱情鸟"之一，一生践行"一夫一妻"制，如果其中一只发生不幸，另一只会绕着枝头盘旋、悲鸣。红嘴相思鸟性大胆，雄鸟鸣声婉转动人。

蓝喉太阳鸟：胆小的"采花大盗"

蓝喉太阳鸟是太阳鸟科的小鸟，胆小怕人，也是名副其实的"采花大盗"，经常一头扎进花朵间取食花蜜，如果此时遇到了小昆虫，也会抓来饱腹。

物种身份证

姓名： 珙桐（gǒngtóng）
别名： 水梨子、鸽子树等
纲： 双子叶植物纲
目： 山茱萸目
科： 蓝果树科
现状： 易危

珙桐
植物界的"大熊猫"

植物活化石

如果说植物界也有"大熊猫"，珙桐一定榜上有名。早在 6000 万年前，珙桐就在地球上定居了。如今只剩下孤零零的一属，异常珍贵。

神奇的花果

珙桐花朵奇特，花开时，白色苞片在叶间浮动，如一只只白鸽在枝头展翅欲飞，所以，它们也叫鸽子树。那两片苞片起先是淡绿色，之后慢慢变成乳白色。珙桐可长到 15~20 米，有的甚至能长到 25 米。每年 10 月，果实成熟，不过，不是每一朵花都可以结果，甚至有"千花一果"的说法，十分珍稀。

珙桐果

种子的命运

　　珙桐本来结果极少，种子外壳坚硬，落地后发芽需要两三年时间，其间还容易被小动物吃掉，有的种子还因地面潮湿而发霉，无法再发芽。所以珙桐树很稀少。

珙桐种子

栓皮栎：**不怕剥皮的树**

　　给树剥皮等于切断水和养料的供应，树会很快枯死，但壳斗科的栓皮栎却不怕剥皮。栓皮栎又叫软木栎、粗皮栎等，它们的树皮叫栓皮，就是软木，内部约有一半是空气，又软又厚，即使被剥掉，还能再生。软木有弹性，不透水，不透气，是绝热、绝缘、防震、隔音的优良原料，在宇宙飞船上大有用场。

　　栓皮栎的叶子上会长有一个个微型"桃子"，这便是虫瘿（yǐng）。当昆虫在植物上取食或产卵，刺激植物后，植物细胞加速分裂、异常分化，长出畸形的"小瘤子"，虫子在里面可以躲避天敌。

栓皮栎花

栓皮栎果实

栓皮栎种子

冷杉
温暖的圣诞树

物种身份证

姓名： 冷杉
别名： 塔杉
纲： 松杉纲
目： 松杉目
科： 松科
现状： 濒危

> 我要把冷杉装扮成圣诞树。

> 带我一个！

古老的生命之树

叫冷杉一句"活化石"，一点儿都不夸张。冷杉扎根地球已有几千万年。白垩纪末，冷杉家族已经十分庞大，后来又扛住了残酷的冰川时代，顽强地生存到今天。冷杉喜欢生长在高海拔严寒地带，圣诞树往往用冷杉制作。不过，冷杉是乔木，能高达 40 米，所以，圣诞树用未成年的冷杉"宝宝"制作。

太白红杉果实

太白红杉："爬"在地上的松树

生存在秦岭区山唯一的落叶松属植物就是太白红杉。由于高寒地带的土壤差，它们很难把根扎得更深，无法得到足够的营养，就长得很慢。在更贫瘠的地方，有的太白红杉几乎贴着地面生长，简直就像"爬"在地面上。

苦槠果实

苦槠豆腐

苦槠：捡壳斗，做豆腐

苦槠（zhū）是壳斗科乔木，四五月开花，秋天结果，壳斗有一个坚果，偶尔有两三个。果实的种仁里富含淀粉，可做苦槠豆腐、苦槠粉皮等。树叶为厚厚的革质，能防风、避火、耐受高温。

大果青扦

树上挂满"橄榄球"

橄榄球一样的大果

　　大果青扦最爱冬冷夏凉的气候，根系非常发达，可以长到8~15米高。身为大个，结的果子也非常大，看起来就像一个个橄榄球，这是大果青扦的骄傲。大果青扦的"皮肤"很粗糙，会裂成鳞片状，慢慢脱落。它们的枝条也在不断变化，一岁时小枝条为淡黄色或微带褐色；两三岁时，枝条逐渐变灰；之后，枝条变成灰色或暗灰色，这时的大果青扦，便成熟了。

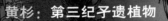

黄杉：第三纪孑遗植物

　　如果有谁想看黄杉，只能在中国看到。这种树可高达50多米，看起来威武庄严。黄杉是古老的第三纪植物，它们不仅耐旱，还耐寒。

鹅耳枥：地球的"独子"

　　鹅耳枥是桦木科乔木，天生"硬骨"，长在阴湿多雾处。因基因缺陷或环境改变，普陀鹅耳枥曾是世界极危树种，只有中国生长了一棵，非常孤独。2011年，"天宫一号"飞行器携带四种濒临灭绝的植物种子，其中就包括珙桐、鹅耳枥，希望利用高能粒子辐射、真空、磁场等宇宙的环境使种子变异。现在，很多鹅耳枥被人工繁育，已经不再孤独。

领春木
引领春天的使者

领春木果实

翅果也叫翼果，果皮有薄翅一样的东西，也是一种干果、闭果，这能让风把它们带到很远的地方繁衍，是一种风播果实。

花药和花丝是雄蕊的一部分。大多数花朵，都是花丝托举着花药，花药是盛花粉的地方；领春木与众不同，花药比花丝长，所谓的花朵其实就是花药。

物种身份证

姓名： 领春木
别名： 水桃、正心木等
纲： 双子叶植物纲
目： 毛茛（gèn）目
科： 领春木科
现状： 无危

春来先吐蕊

领春木是灌木或小乔木，有的能长到 15 米。它们从第三纪存活到现在，历经沧桑。当山林中还显得萧索荒凉的时候，领春木光秃秃的树枝上已挂满红色小花。花朵是丛生的，花药比花丝长，一簇一簇，十分惹眼。领春木引领着春天的到来，所以它们才拥有这个名字吧？领春木结的果是一种翅果，"脑袋"圆，"腿"细，像关公的青龙偃月刀，可能领春木心中也有个"武侠梦"。

领春木花

领春木

香果树：没有一点儿香味

香果树是茜草科乔木，一般需要 30 多年时间才能开花、结果，种子如果一年内没有发芽，就死去了，因此成为稀有物种。香果树的"香果"并没有香味，这是因为最先开放的花朵结果后，后一批花才刚开，不仔细看，还以为是果实散发出的香气，所以误称其为香果树。

香果树花

水青树
既要晒太阳，又要多雨雾

物种身份证

姓名：水青树
别名：数据缺乏
纲：双子叶植物纲
目：木兰目
科：水青树科
现状：数据缺乏

生存的奇迹

　　水青树"性格"随和，虽然喜欢深厚肥沃的土壤，但在贫瘠的陡坡、悬崖上，也照样顽强生长。但如果它们被遮挡住了，很久没有晒"太阳浴"，就会"闹脾气"，长得极慢。很难想象，它们从第三纪生存到现在，还经历了酷寒的冰川时期，对于没有导管的它们来说，简直就是奇迹。

　　植物导管由死亡细胞构成，能把从根部吸收的水和无机盐输送到植物的身体各处。

树上挂满"流苏"

　　水青树可以长到 30 米高，夏天，花期到来，树上会挂起一串串的小穗子，仿佛流苏摇曳在枝叶间。水青树的花极小，"流苏"其实是它们的穗状花序。

山白树花

山白树：蜜蜂钟爱的植物

　　山白树是金缕梅科灌木或小乔木，它们长得高大潇洒、叶大花香，吸引了数不清的蜜蜂，是一种蜜源植物，种子还能榨油。

　　雄花和雌花长在同一株植物上，叫雌雄同株；雄花和雌花分别长在两株植物上，叫雌雄异株，要依靠蜜蜂等小伙伴授粉。这两类都叫单性花。如果一朵花既有雄蕊，也有雌蕊，就叫两性花，自己就能授粉。

山白树果实

连香树

迷人的"彩叶树种"

濒临"绝境"的古老树种

连香树家族的历史可追溯到第三纪。由于雌雄异株，需要外界帮助才能传粉、繁衍，导致后代很少，如今已是濒危物种。连香树散发幽幽的甜香，秋天，满地金黄的落叶也香气扑鼻，仿佛树中"香妃"。

彩叶树种

如果想形容连香树的美，最好从叶子说起。春天，叶子是紫红色；夏天，叶子是翠绿色；秋天，叶子由绿变青，再由青转橙，最终变成金黄色；冬天，一些叶子又变成深红色，一棵树上会有好几种颜色，是一种迷人的彩叶树种。

绿色植物的叶片细胞中含有叶绿素、花青素、叶黄素、胡萝卜素等。夏天，叶绿素能参与光合作用，使叶片呈绿色；秋天，气温降低，叶绿素的能力减退，叶黄素和胡萝卜素占据上风，使叶子变黄、变橙；秋冬干燥，叶片内酸碱度发生变化，花青素浓度升高，树叶开始变红。

连香树果荚

弹射种子

通常连香树两年结一次果，果荚会像弹弓一样将种子弹射出去，无数细小的种子拖着透明的果翅勇敢地向远方飞去，四处落地生根发芽。

青冈：神奇的"气象树"

青冈也叫青冈栎，是壳斗科栎树，也被称为"气象树"。下雨前，太阳很少露面，叶片中的叶绿素偏少，花青素占据上风，使叶子变成淡红色；雨过天晴后，叶片又变成深绿色，人们可以根据树叶的颜色变化预报天气。

青冈果实

油松
中国独有的树

物种身份证

姓名：油松
别名：短叶松、短叶马尾松、红皮松等
纲：松柏纲
目：松柏目
科：松科
现状：数据缺乏

奇怪的花

油松是中国独有的一种树，春天，油松开花，样子有些奇怪，雄球花是圆柱形，橙黄色或黄褐色，雌球花是绿紫色。花朵呈非常小的卵状，叫"松花"。随着时间推移，圆柱形的雄球花会长成椭球形，中间的"花蕊"会长成新的枝条。

油松花穗肩负着繁衍重任，其花粉颗粒呈橄榄形，两边各有一个气囊。花粉成熟后，气囊就会自动充满气体，随风飘散，完成授粉。

油松花

花粉之王

古人认为，松柏之气可以使人长寿。油松的确气味好闻，花粉更加香浓，色泽亮黄，可以入药，是《本草纲目》中的"明星"之一，还能被制作成香料，堪称"花粉之王"。

厚朴花

油松果实

"赖皮"的果实

油松虽然花期在5月，果实却要到第二年的10月才成熟。而且有些果球明明已经成熟，但迟迟不肯离开大树，能"赖"在树上好多年。

厚朴：濒临灭绝的大树

厚朴属木兰科，为木本药材，也正是这个原因，厚朴被人类过度剥皮。厚朴的花朵和玉兰很像，离着很远就能闻到浓香。不过，天牛幼虫、褐刺蛾、白蚁等昆虫就像商量好了一样，会分别攻击厚朴的不同部位，有的吃枝干，有的吃叶子，有的侵害根部，使厚朴"遍体鳞伤"。

厚朴果实

庙台槭
容易灭绝的槭树

物种身份证

姓名：庙台槭（qì）
别名：留坝槭
纲：双子叶植物纲
目：无患子目
科：槭树科
现状：易危

带翅膀的种子

庙台槭是槭树科乔木，高 20～25 米，秋天结果，果梗细小，果子扁平，长着一对"小翅膀"，成熟后，果实纷落如雨，这些"小翅膀"就会像螺旋桨一样，带着种子飞到四面八方。

天牛也来威胁

不是所有的种子都能飞到适合生长的地方，很多种子都面临着无法发芽的命运。光肩星天牛和星天牛等昆虫还总来啃噬，自身系统发育也有问题，这让庙台槭有了容易灭绝的危险。

南方红豆杉花

南方红豆杉：植物黄金

南方红豆杉是一种珍稀树种，有"植物黄金"之称，当它们开出黄色小花后，就会结出卵形的种子，种子的外面包裹着假种皮，像一个个红色肉质杯。

鹅掌楸
满树"黄马褂"

物种身份证

姓名： 鹅掌楸（qiū）
别名： 马褂木、双飘树等
纲： 双子叶植物纲
目： 毛茛目
科： 木兰科
现状： 近危

像鹅掌，也像黄马褂

在 1.45 亿年前，鹅掌楸就在地球上亮相了。鹅掌楸的叶子长相奇特，又宽又大，很像鹅掌，因此得名鹅掌楸。不过，也有人认为它们的叶片像古人穿的马褂，因此，它们也得名"马褂木"。鹅掌楸的独特之处还在于它们的花。鹅掌楸的每一朵花都单生在枝顶，乍看犹如一朵朵郁金香，又似盛满了佳酿的酒杯。

"窘迫"的未来

鹅掌楸在繁衍这件事上很窘迫，因为它们的雌蕊是"急性子"，往往在含苞欲放时就已成熟，等到开花时，柱头已枯黄，失去了授粉能力；在未受粉的情况下，虽然雌蕊还能发育，但结出的果实很少，容易空瘪。

鹅掌楸的花属于虫媒花，要引诱昆虫前来。当昆虫在一朵花中沾染满花粉，又到另一朵花上时，就完成了授粉，这就是虫媒授粉。但鹅掌楸的花粉少，这可能是结果少的原因之一。

光叶木兰：饱受昆虫"冷落"

光叶木兰是中国独有的植物。光叶木兰是靠虫媒授粉，但奇怪的是，虽然花朵气味馨香，但访花昆虫很少。果子少，种子饱满率也低，这让光叶木兰的种群非常少。

木兰花　　光叶木兰

箭竹
大熊猫的主食

物种身份证

姓名：箭竹
别名：伞竹、滑竹等
纲：单子叶植物纲
目：禾本目
科：禾本科
现状：无危

高大的草

箭竹是禾本科植物，也就是说，别看它们长得很高大，但并不是树，而是草。竹子是世界上长得最快的植物，箭竹可高达 6 米。

庞大的地下王国

箭竹的根扎得越深，根系就越发达，获得的营养就越多。它们的地下茎，也叫竹鞭，在地下纵横交错，匍匐扩张，形成了一个庞大的地下王国。竹鞭上有许多须根和芽，蹿出地面的就叫竹笋；没有露出地面的，就在地下蔓延，发育成新的地下茎，因此，竹子总是成片、成林。

地下茎

竹花

大熊猫的主食

箭竹是大熊猫的主食。它们会像水稻一样抽穗、开花。一旦一株箭竹开花，因为地下茎彼此相连，成片的竹林都会开花，然后漫山遍野的箭竹同时死去，大熊猫就会挨饿。至于竹子开花后为什么会死去，至今仍是不解之谜。

高山捕虫堇：吃肉的草

高山捕虫堇（jǐn）是狸藻科的草本植物，也是食虫植物，能分泌黏液，散发出诱惑性气味，诱使昆虫前来，粘住昆虫，然后再分泌消化酶，分解并"吃"掉昆虫，堪称"美丽杀手"。这种植物还能根据猎物的大小分泌消化液。

水晶兰
传说中的"幽灵之花"

物种身份证

姓名：水晶兰
别名：数据缺乏
纲：双子叶植物纲
目：杜鹃花目
科：鹿蹄草科
现状：近危

不食人间烟火的样子

水晶兰的长相就像它们的名字一样晶莹剔透，在千万年的演化中，它们的叶片变成了鳞片，一片片包裹着茎，在顶端开出花来，花朵微微下垂，像烟斗一样，在幽暗处发出诱人的白光。水晶兰一旦受伤，伤处会流出胶状露珠，迅速变黑。

很难一睹芳容

由于它们生长在腐叶之上，被称为"冥界之花""腐生花""幽灵之花"等；还有传说认为它们含有剧毒，其实，水晶兰没有任何毒性。水晶兰是多年生草本植物，高10多厘米，腐生，喜欢生在阴暗潮湿、多腐叶的落叶林木下，这样的环境大多人迹罕至。它们的种子异常微小，根部寄生在其他植物的根上，以现有科技也无法将它们带出深山老林，因此，水晶兰至今只有野生种。水晶兰很少单独一枝生长，它们从萌芽到开花，只有几个月的时间，能够一睹芳容是一场奇缘。

似菌非菌

水晶兰的根上，覆盖着密密麻麻的真菌菌丝，真菌菌丝能供给它们很多营养，加上外形像蘑菇，常被误认为是一种蘑菇。

是它们吓着你了吧？

我不敢过去，怕吓着它们。

扇脉杓兰：形状奇特的花

在秦岭、甘肃等地"隐居"着扇脉杓（sháo）兰。它们的叶形和折扇相似，因此得名。扇脉杓兰的花很大，上有紫红色条纹，能吸引传粉者。

水晶兰根茎

扇脉杓兰

独花兰
只开一朵花

物种身份证

姓名：独花兰
别名：数据缺乏
纲：木兰纲
目：天门冬目
科：兰科
现状：濒危

为什么叫独花兰

独花兰是中国特有的植物。为什么叫独花兰呢？因为每株只会长一片叶子，只开一朵花。独花兰是球茎植物，偏爱潮湿、阳光较弱的环境，腐殖质丰富的土壤能够供给它们足够多的营养。夏天，独花兰进入休眠期，秋天长出叶子，孕育和分化花芽，等到来年三、四月时才开花。这种时间安排暗藏"心机"，因为三、四月时大多林木都还萧索枯黄，独花兰会格外显眼，能吸引熊蜂和蜜蜂走进自己的"网兜"，使它们浑身沾满花粉，帮助传粉。

黄花杓兰

黄花杓兰：仙女的拖鞋

黄花杓兰的花朵很奇特，犹如小口袋，又像可爱的小拖鞋，因此有"仙女的拖鞋"的雅号。它们在传粉繁殖方面，另辟蹊径，使用欺骗性传粉。它们的花朵模拟蜜蜂的巢穴，"欺骗"蜜蜂过来为它们传粉。

不给昆虫任何回报的传粉，就是欺骗性传粉。很多兰花是这方面的高手，它们的"诡计"是展示花朵，甚至模拟其他有回报的植物的花朵，以吸引昆虫。兰花之所以"行骗"，是因为它们不产花蜜，身材低矮，生命所需的阳光被高大植物遮挡，传粉困难。

独叶草

世界上最孤独的草

物种身份证

姓名：独叶草
别名：数据缺乏
纲：双子叶植物纲
目：毛茛目
科：毛茛科
现状：易危

孤独的小草

在 6700 万年前，有一种小草在地球上"站稳了脚跟"，就算大熊猫见了它们，也得称呼一声"前辈"，这就是独叶草。独叶草号称"世界上最孤独的草"，因为它们只长一片叶子，只开一朵淡绿色的小花，这一点有点儿像独花兰。它们都是世界上的"孤独"植物。

神奇的"五瓣花"

如果你第一次看到独叶草，一定会觉得它们有好几片叶子，实际上，是一片叶子从基部裂成了五瓣。这是原始植物的特征之一。独叶草喜欢"隐居"在高海拔的山地冷杉林中，或在杜鹃灌丛下，种子微细如尘。由于种子大多不成熟，只能依靠根状茎进行无性繁殖。

星叶草："霸道"的小草　　星叶草花

星叶草是毛茛科草本植物，可达 10 厘米高，有领地意识，总是分泌一种特殊气味，影响其他植物的生长，致使它们生长的地方很少见其他植物。

金露梅　　金露梅花

金露梅是蔷薇科灌木，可高达 2 米，"体格"强健，耐寒、干旱，是骆驼喜爱的盘中餐。

小南星
一度销声匿迹的野草

花"绅士"

小南星是中国特有的植物，生长在海拔 3000 多米的地方，一株有一片叶子和一朵花，6~18 厘米的叶柄非常纤细，但依然直直挺立，风度优雅。花有白色竖条纹，且微微弯腰颔首，以绅士的礼仪表达对生命的感恩。

物种身份证

姓名：小南星
别名：数据缺乏
纲：单子叶植物纲
目：天南星目
科：天南星科
现状：无危

我得低到尘埃里，才能看清你。

随着人类活动扩大，植物的家园被侵占，小南星一度销声匿迹。2017 年，一名植物爱好者在大熊猫国家公园考察时，往草丛中多看了几眼，便看到小南星"潜伏"在林下。

偏翅龙胆：不屈的小小草

偏翅龙胆有的只有 3 厘米高，最高的 12 厘米左右，人们很容易与它们擦肩而过。但它们却是不畏严寒的高山植物，扛得住海拔 2300~5000 米地区的寒冷天气。它们顶着冷风，开出蓝紫色的花朵，好像在宣誓自己的不屈和顽强。

光叶蕨
高等孢子植物

物种身份证

姓名：光叶蕨
别名：数据缺乏
纲：蕨纲
目：真蕨目
科：蹄盖蕨科
现状：濒危

偏爱林下·阴地

作为我国特有植物，光叶蕨真的非常有"个性"，专往林下阴湿处"钻"。它们生长的环境降雨多，一年到头弥漫着大雾，头顶上是珙桐、水青树、连香树等形成的密林，让它们基本见不到阳光，它们"隐藏"在溪边岩壁上，与苔藓做邻居。

为什么叫"光叶蕨"？

光叶蕨的"光"字是什么意思呢？它是"全""都""净"的意思，光叶蕨一般只有一片叶子，所以得名"光叶蕨"。在这片叶子上，密密麻麻地分布着 30 对左右的对称羽片，原始而古老。羽片背后藏着孢子囊，那是盛放孢子（种子）的地方，它们像等待检阅的队伍，排列得整整齐齐。不过，光叶蕨的孢子虽然多得数不清，但孢子对光、温度、湿度等要求极为苛刻，很难萌芽。

玉龙蕨：中国特有的高寒物种

在海拔 4000 多米的高山冰川地带，气候寒冷，辐射强烈，冷风强劲，多裸岩、峭壁，玉龙蕨就生活在这里的碎石缝隙里。为了不被狂风吹走，并尽量保存热量，它们长得很矮，只有 20 厘米左右，"身上"长满鳞片或柔毛。

蕨类植物有无性繁殖和有性繁殖两种方式。蕨类植物的有性繁殖方式是孢子繁殖。秋天，孢子囊成熟，自动炸开，孢子弹射而出，遇到合适条件就会发芽生长。地球上，最先有藻类植物，后有苔藓植物，之后有蕨类植物，再之后有种子植物。蕨类植物是高等的孢子植物。

玉龙蕨

褶皱山

世界上最复杂的山地之一

难以想象之大

　　大熊猫国家公园有多大呢？它包括四川卧龙国家级自然保护区、四川千佛山国家级自然保护区、四川王朗国家级自然保护区、陕西太白山国家级自然保护区、陕西佛坪国家级自然保护区、甘肃白水江国家级自然保护区等。怎么样？一想就知道很大了吧？它位于秦岭、岷山、邛崃山和大小相岭山系一带，地势西北高、东南低。这里山高险峻，地势多变，深谷间的高差甚至可达 1000 多米，是世界上地形地貌最复杂的地区之一。

秦岭

　　以前，很多人会把秦岭视为华夏文明的龙脉。秦岭西部，山岭海拔在 1500 米以上，主峰太白山海拔 3771.2 米。冬天，秦岭阻挡寒潮进入南方；夏天，秦岭阻挡湿润海风进入北方。这使秦岭南北的温度、气候等很不一样，因此，很多人把秦岭—淮河一线视为中国地理上的南北分界线。

岷山

　　岷山山脉南北延伸 500 千米左右，被誉为"千里岷山"。赫赫有名的雪宝顶也在其中，海拔 5588 米，即使在夏季也覆盖着皑皑白雪。岷山是典型的褶皱山脉，看起来就像"被挤出了一层层褶子"。

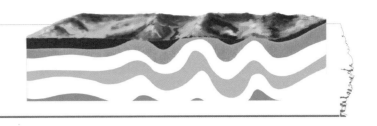

褶皱山常见为连绵山体。地壳运动时产生的力量可以像捏面团一样，把山地挤压出波浪形、褶皱状。

大·小·相岭

大相岭山势雄伟险峻，崎岖难行，却是古代交通要道，南方丝绸之路也经过这里。大相岭以南是小相岭，小相岭比大相岭更高。小相岭保留着第四纪冰川期形成的庞大冰斗、冰斗湖、冰蚀湖。由于山间气候多变，忽晴忽雾，忽雨忽雪，能让人一天之中就度过"四季"。大小相岭独特的环境，造就了生物的多样性、稀有性。

凉山

凉山重峦叠嶂，气势雄伟，河谷幽深，壁立千仞，地貌和气候极为复杂。海拔超过 4000 米以上的高峰有 20 多座。

冰蚀地貌
冰川的杰作

冰川侵蚀

在 200 万～300 万年前，地球上正是第四纪冰川期，也就是"冰河世纪"，当时异常寒冷，海平面下降了 100 多米。几百万年间，山上的冰川反复冰冻、消解，等冰川期结束后就出现了冰蚀地貌。太白山今天仍保留着 U 形谷、冰斗、刃脊、角峰等冰川侵蚀的痕迹。

冰蚀槽谷

你不要以为，冰川是一动不动的，其实，冰川是会移动的。冰川是"大力士"，在向前推进时，一边占据河谷或山谷，一边侵蚀谷底和谷壁，河谷两边的岩石会破碎、崩塌，一点点向后退，就像招架不住、节节败退一样。就这样，谷底被冰川"修理"成了 U 形或槽谷。

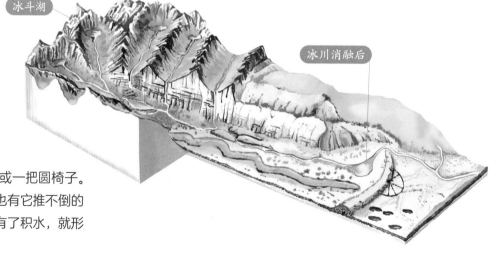

冰斗湖

冰川消融后

冰斗

冰斗就是一种洼地，三面是峭壁，像半圆形剧场，或一把圆椅子。冰斗一般出现在冰川的源头。这是因为冰川在运动时，也有它推不倒的山岩，所以会残留下一截山岩。当冰川融化后，冰斗里有了积水，就形成了湖泊，叫冰斗湖。

秦岭主峰太白山山顶的"大爷海"，是一个冰斗湖，海拔 3590 米，是我国内地海拔最高的高山湖泊。它的深度引来无数人探寻，最终都无功而返。

刃脊和角峰

在一座山峰上，可能有一个冰斗，也可能有几个冰斗。当冰斗扩大时，冰斗的位置也会向上移动，两个相邻的冰斗开始接近，中间就出现了一条又尖又薄的山脊，看起来就像刀刃，这就是刃脊。如果三个或更多个冰斗一起发育，就会切割山峰，形成高耸的尖顶，这就是角峰。简单地说，角峰就是被几个冰斗围起来的山峰，像孤零零的金字塔，令人忍不住赞叹大自然的神奇。

邛崃山脉中，最有名气的是四姑娘山。主峰幺妹峰海拔 6250 米，有"蜀山皇后"之称。邛崃山因为海拔高，也经历了冰川侵蚀，形成了无数尖锐的角峰，像利剑一样直指苍穹。

气候
大气候"套"小气候

有趣的气候带

大熊猫国家公园全年平均气温是12℃~16℃，不冷也不热。但极端最低温−28℃，最高温37.7℃。受到东亚季风环流影响，如果由东南向西北，从山下往山上走，那么将依次经历亚热带湿润气候、暖温带湿润气候、温带半湿润和高寒湿润气候。从这些气候带，你就能明白，这里的山有多高大、多陡峭。由于山脉纵横、地势复杂，大气候还"套"着多种复杂的小气候。

华西雨屏带

在四川盆地西缘，有一条狭长的多雨带。四川是一个低低的盆地，而和它接壤的川西高原却是高高的，海拔超过3000米，这种落差形成了一条狭长的多雨雾带，叫华西雨屏带。华西雨屏带宽50~70千米，长400~450千米，包括岷山、邛崃山、大小相岭、大凉山等地区，形成了一个神奇的生物秘境，一些原先认为已灭绝的珍稀植物也在这里被发现。

每年 5 月，处在华西雨屏带的雅安、峨眉山等地便雨水连绵，可一直持续到 10 月，人们戏称这里是"天漏"——女娲补天遗漏的地方。这里也是中国日照最少的地方之一。

山顶和山脚的温差

气候会受海拔影响，海拔每升高 100 米，气温便下降 0.6℃，这导致山顶和山脚的温度相差极大，换句话说，一座高山上可以形成多种气候。在大熊猫国家公园，一座海拔 3000 米的高山，山顶和山脚的温度会相差 18℃左右。如果你沿着山脚往山顶走，沿途会看到不同的植物和动物，感受到季节的变化，还能遇到"人间四月芳菲尽，山寺桃花始盛开"的现象，甚至看到山脚花朵盛开、山顶雪花飘飞的景观。

都有各自的乐土

动辄几千米的海拔差距，造成了多种气候环境。这使多种动植物都能找到适合自己的一方乐土，各得其所。如果遇上极端寒冷天气，动物们会自己换地方，向低海拔区域移动，等天气回暖后再回来。

43

森林生态

神奇的阶梯式分布

森林童话世界

莽莽苍山，繁密森林，大熊猫国家公园 72.07% 的森林覆盖率，使这里形成了不同的植物带，以及不同的动植物生态圈，让你如入童话世界。

山地常绿阔叶林带

海拔较低的地方，是阔叶林带，无论什么季节来到这里，眼前都是生机勃勃的绿色。亮叶桦、小叶青冈等披着一身绿衣，优雅地招展着枝叶。猕猴和红腹锦鸡等动物穿梭往来，或觅食，或打盹，好不自在。

山地常绿落叶阔叶混交林带

海拔再高一点儿，就是山地常绿落叶阔叶混交林带。在这个混交林带，冬天很冷，高大的乔木为了生存下去，会脱落叶子，进入休眠，把节省下来的营养和能量，用于春天时的勃发。于是，就出现了夏天郁郁葱葱、冬天光秃秃的景象。不过，大熊猫爱吃的箭竹、玉山竹、巴山竹等竹子，还是一年四季常绿的。小熊猫、藏酋猴、黑熊等动物把这里当成了家。

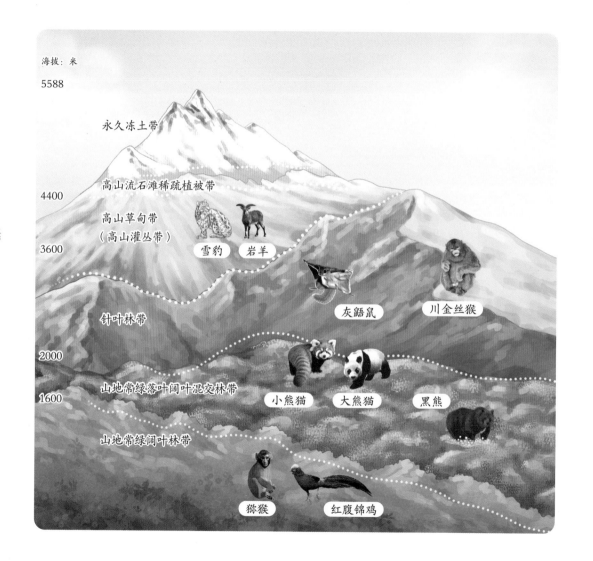

海拔：米

5588

永久冻土带

高山流石滩稀疏植被带

4400

高山草甸带
（高山灌丛带）

3600

雪豹　岩羊

灰鼯鼠

川金丝猴

针叶林带

2000

小熊猫　大熊猫　黑熊

1600

山地常绿落叶阔叶混交林带

山地常绿阔叶林带

猕猴　红腹锦鸡

针叶林带

海拔较高处，是针叶林的世界。这里就更冷了，所有的植物都很耐寒，如冷杉、云杉、红杉、松树等。它们的叶子大多细如长针，冬天也不会掉落，寿命很长。灰鼯鼠、川金丝猴等动物是这里的"居民"。

高山草甸带

海拔更高处，就是极度寒冷的高山草甸带了。这里的植物个头儿矮小，是一些蒿类杂草等，它们挤在一起"抱团"生长。小灌木丛也能在此立足。神秘的雪豹是这里最大的"明星"，此外，还有能在悬崖上如履平地的岩羊。

高山流石滩稀疏植被带

在高山草甸带之上、雪线之下，就是高山流石滩稀疏植被带。这个过渡地带，到处是棱角分明的破碎岩石，最高气温也在 0℃ 以下，强风、霜冻、雪、雹时不时不请自来，大多数植物难以在此生存，只有稀少的植物能匍匐着挣扎生长。

强烈的寒冻、强烈的紫外线、极大的昼夜温差，使岩石不断崩裂，碎石沿着山坡缓缓"流"动，加上地下有积雪融化的暗流，所以称为"滩"。

永久冻土带

由于海拔极高，气候严寒酷冷，岩石土壤常年冻结，已经很难有物种能挑战生命极限了，即使有植物，也极为罕见。

除了森林和草原，大熊猫国家公园还有湿地。湿地被称为"地球之肾"，其生态系统复杂，孕育了多种物种，如芦苇、藻类、山溪鲵、水獭、朱鹮、黑颈鹤等。

五大水系

　　山水纵横是大熊猫国家公园的特色，都有什么水呢？属长江流域的，有嘉陵江、岷江、沱江、汉江；属黄河流域的，有渭河。这五大水系，分支众多，还形成了很多瀑布。

河流
水的史诗

嘉陵江广元以北段

嘉陵江进入四川盆地

嘉陵江：险滩无数

　　嘉陵江是长江支流中流域面积最大的河，全长1345千米。这条巨大的"水龙"发源于秦岭，流经四川广元以北时，水非常浑浊，进入四川盆地后，流速小，水就变清了。这一清一浊，被人戏称为"鸳鸯火锅"。

岷江：造就沃野千里

　　岷江是长江上游的支流，全长735千米，一路穿山越岭，浩浩荡荡向前奔流。岷江总落差两三千米，水能蕴藏量极大。战国时，蜀郡太守李冰在岷江流域主持修建都江堰，使成都平原沃野千里，成为"天府之国"。

沱江：一条"混血"的江

沱江是长江上游的支流，全长 712 千米，发源于九顶山。从这座山里的东、中、西三处分别流出许多溪流，使它有几个源头。它是一个"混血"，水中还流淌着其他河流的水，如青白江、毗河、岷江等。

汉江：历史地位崇高

汉江全长 1577 千米，流经陕西和湖北两省，最后在武汉市汇入长江。因为全流域几乎 95% 的河流都可以通航，历史地位高，与长江、淮河、黄河并称为"江淮河汉"。不过，汉江流经的山地部分，多峡谷，有礁滩，船容易触礁。

渭河：古代的渭水

渭河是黄河最大的支流，长 818 千米，水里有大量泥沙，十分浑浊。但它的支流流经森林多的地方时，水质就很好，土壤也肥沃。

还记得"泾渭分明"这个成语吗？"泾"是渭河的支流泾河。泾河和渭河在西安交汇时，由于泾河含沙少、渭河含沙多，就出现了清水、浊水同流一河却不相溶的神奇景象。

民族服饰

穿出来的花样年华

崇山峻岭间的民族

大熊猫国家公园包括四川省、陕西省、甘肃省部分地区，在崇山峻岭间，生活着彝族、汉族、苗族、傈僳族、纳西族、壮族等 10 多个民族。他们不仅拥有多姿多彩的生活，也拥有风情独特的服饰。

彝族服饰

苗族服饰

彝族服饰

一般彝族人采收羊毛后，会把羊毛纺成线，然后浸染、织布、裁剪、刺绣，制成衣服。女人一般会穿镶边或绣花的衣服，滇南彝族的未婚女子会戴鸡冠帽。彝族男子一般会穿黑色镶花边的衣服。彝族人的服饰色彩丰富，图案有山河、花叶、发辫、鸡冠、獐牙、日月、星云、彩虹等。

苗族服饰

苗族服饰至少有 200 种式样。他们的配饰非常惹人注目，它们是用银子抽成长条、再抽成银丝制成的。衣服上的刺绣也堪称一绝，图案主、副搭配得当，天地、人神、动植物……无奇不有，有一种远古时代的气息。

彝族服饰

傈僳族服饰

　　住在不同地区的傈僳族女性，穿的衣服颜色不同，因而被称为白傈僳、黑傈僳、花傈僳。白傈僳妇女穿素白麻布长裙，戴白色料珠；黑傈僳妇女多缠着黑布包头；花傈僳妇女喜欢穿镶边坎肩，缠花布头巾。无论哪一种都别有风情。最早，傈僳族男子穿喜鹊服，模拟的是喜鹊的颜色与样式，上为短衫，下为及膝黑裤，缠黑布包头。

傈僳族服饰

纳西族服饰

　　纳西族服饰古雅、淳朴，最大的特色是"披星戴月"，就是身着紫色或藏青色坎肩，背披"七星羊皮"。七星就是七个彩绣圆形布盘，圆心各自垂着两条白色的羊皮飘带，代表北斗七星，俗称"披星戴月"，象征勤劳的纳西族女性早出晚归、披星戴月地劳作。还有人认为，上方下圆的羊皮是对青蛙的模仿，圆盘是青蛙的眼睛，代表了纳西族先民对青蛙的崇拜。

纳西族服饰

纳西族服饰

壮族服饰

　　壮族女子擅长织绣，她们织的壮布、壮锦，图案精美，色彩艳丽。这使她们穿的衣裙、鞋帽大都色彩斑斓，绣着人、花、鸟、兽等各种图案。与之相比，壮族男子的穿戴就显得太"素"了，大多是对襟唐装。

壮族服饰

美食
舌尖上的生活

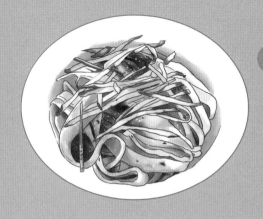

汉中面皮

把米浆蒸成薄皮儿，趁热抹上菜籽油，切成条，再加入焯水后的黄豆芽、芹菜、菠菜、胡萝卜丝等，再依个人口味加油辣子、醋等作料就可以了。

秦岭蕨根粉

蕨根粉是从蕨菜根里提炼出淀粉做成的粉丝，由于蕨菜根为紫色，所以做成的粉丝也是黑紫色，虽然看着其貌不扬，但配以香菜、黄瓜丝、辣椒凉拌，酸甜微辣，妙不可言，且药食同源。

口水鸡

用麻辣红油浸没鸡块，里面还有很多花椒，味道是麻、辣、鲜、香、嫩，想想就让人口水直流……的确对得起"口水鸡"这个名字。

坝坝宴

坝坝宴也叫九斗碗，以蒸为特色，有九大菜：软炸蒸肉、清蒸排骨、粉蒸牛肉、蒸甲鱼、蒸浑鸡、蒸浑鸭、蒸肘子、夹沙肉、咸烧白。数了这么多，是不是口水都流出来了？

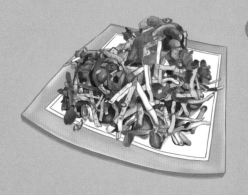

折耳根

折耳根就是鱼腥草，四川人对它的爱贯穿了四季，从春天吃嫩芽，到冬天吃秆秆，循环往复。在他们心中，"凉拌折耳最安逸"。

瓦屋山老腊肉

在猪肉上抹盐，再给猪肉按摩，然后点燃柏树枝，用烟熏烤后挂起来，10多天后就能吃了。柏香沁入肉中，瘦肉色泽嫣红，肥肉晶莹剔透，香而不腻。

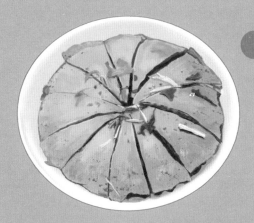

佛坪三香

佛坪三香用蒸肉饼、木耳、黄花三种主要食材制作而成，制作肉饼时会加入鸡蛋、淀粉、五香粉等，因混合了肉、蛋、粉的香气，故名"三香"。

冷竹笋

在瓦屋山海拔1500米以上的原始密林中，生长着成片的冷箭竹嫩芽，这就是高山冷竹笋。可以炒、炖、拌、炝，也可制成笋干，或者泡酸笋，无一不鲜香。

留坝土席

留坝土席也被称为"八大碗"。相传唐朝安史之乱时，唐玄宗避难于四川，经过留坝，百姓拿出山货、腊肉，烹煮献上，唐玄宗赐名"八大碗"。今天，留坝土席已是当地逢年过节和招待贵宾必备的佳肴。

建筑
别具一格的民居

奇怪的厦子房

你平时见到的传统房子大概都是"人"字形结构吧? 房顶也左右对称。可是,在大熊猫国家公园的关中地区,有一种奇特的房子,只盖"人"字的半边,也就是屋顶只有半边,雨水都流到自家院里,这被戏称为"肥水不流外人田"。房子采取"一明两暗"设计,中间是客厅,两边是卧室,门开在客厅里,这种怪房子叫厦子房。

房子为什么要盖半边呢? 因为这么盖房子省工、省料。以前,经济还不好,盖不起四合院,于是,很多人就利用当地的黄土和树木,只在一边墙上盖着房子,虽然单薄了点儿,除了卧室和厨房有门窗外,其余都密不透风,但毕竟也是一个温暖的家。有人还据此创作了民谣:"乡间房子半边盖,省工省料省木材。遮风挡雨又耐寒,冬暖夏凉时运来。"

盖厦子房之前,人们会虔诚祭祀,这个民俗流传了千年之久。敬神仪式非常隆重,虽然祭品简单,但过程严谨、认真、庄重,表达了人们对安稳居住的美好向往。

"吊"起来的吊脚楼

　　四川地区的地面不平，很少能找到一马平川的地方。为了建造房子，这里的先人想出了一个妙招：找到坡度稍微平缓的地方，一半用于平整土地，另一半根据山势的起伏特点，用长长短短的木柱作为支撑，在上面架起木头，铺上板子，与挖平的场地合为一个平坦的整体，这样就可以在上面盖房子了。这样建好的房子就是吊脚楼。吊脚楼的正屋建在平坦的实地上，厢房除了挨着正屋的那一边，其余三边都悬空，支撑它们的柱子看起来就像脚一样，站在地上。

　　四川盆地多雨、潮湿，木房子很难长久保存，但"吊"起来的房子就没有这个问题了。此外，吊脚楼还能防风、防震、防虫蛇野兽侵害。

　　支撑吊脚楼的木柱，把吊脚楼分成上下两层，上层采光好，又干燥，人住在里面；下层是猪、牛等牲畜的窝棚，或用来储存杂物。

　　传统的干栏式建筑全部都是悬空的，但吊脚楼却只有三面悬空，属于半干栏式建筑。

邛笼

　　岷山山高林密，石头极多，住在这里的羌民就利用石头，一层一层地堆砌出邛笼。这是一种四方形房屋，窗洞非常窄小，看上去好像一个碉堡。邛笼异常坚固，有的甚至盖到十几层，高达30余米，十分雄伟，居住和防卫功能都齐全了。

歌舞
古老的文化遗产

㑇舞：神秘的"百兽舞"

在大熊猫国家公园的九寨沟地区，生活着一些白马人。㑇（zhòu）舞就是白马人的面具舞。领舞的人戴着百兽之王的狮头面具，其他跳舞的人戴着虎头、龙头、豹头、蛇头、牛头、鸡头等面具。他们穿着华丽的服饰，戴着夸张的面具，以圈舞的点踏步、穿花的踮跳步为基础，随着鼓点的节奏，模仿百兽的动作，如虎豹追打或扑食、蛇休息或藏匿、牛羊惊惶逃奔、鹰隼展翅翱翔等，动作强劲有力，气氛热烈奔放，感染力极强。

㑇舞起源于白马人"万物有灵"的自然崇拜。原始社会时期，大熊猫国家公园一带生活着很多部落，如黑熊部落、猴子部落、蛇部落等，祭祀或庆祝丰收时，各个部落的人就会戴上自己部落的标志性面具，表演歌舞，以驱邪祈福。因此，㑇舞也叫十二相舞，表现了人与自然和谐相处的生活状态。

野性的跳曹盖

"曹盖"是白马语，翻译过来就是"面具"的意思，"跳曹盖"就是戴着面具跳舞。每年正月初五到初六，平武县的白马人都要举行祭祀仪式。巫师戴着面具，带领寨子里的人到河边祭神、送鬼、跳曹盖舞。曹盖舞非常有气势，多为撩手、挥臂、砍杀等动作，配合腿部的跳跃，表现出粗犷、威严的古朴风貌，让人感受到一种古老的祭祀气息。

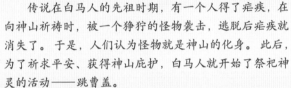

传说在白马人的先祖时期，有一个人得了疟疾，在向神山祈祷时，被一个狰狞的怪物袭击，逃脱后疟疾就消失了。于是，人们认为怪物就是神山的化身。此后，为了祈求平安、获得神山庇护，白马人就开始了祭祀神灵的活动——跳曹盖。

达体舞：踏地而舞

"如果感到幸福你就跺跺脚……"你可以试一试，如果你跟随音乐跺起脚来，心情是非常愉快的。达体舞也是一种让人非常欢乐的舞蹈。达体舞的意思是"踏地而舞"，是彝族人在劳动中自创的舞蹈，简单易学，互动性强，不限空间，不限人数，无论男女老少，都能热情奔放地跳一段。在节日期间，万人同舞，场面震撼。

节日
璀璨的风俗

彝族火把节：东方的狂欢节

每年的农历六月二十四日，就是凉山彝族人的火把节。男女老少"倾城而出"，火把节历时三天三夜，被称为"东方的狂欢节"。第一天是祭火，家家宰鸡烹羊，祭祀亡灵；第二天是玩火，人们到祭台圣火下，小伙子们表演赛马、摔跤、唱歌、斗牛等，姑娘们则跳"朵洛荷"和达体舞；第三天是送火，人们把火把聚拢在一起，形成一堆堆巨大的篝火，围着篝火尽情歌唱、舞蹈。

彝族崇火、敬火。彝族的祖先认为，万物是由火诞生的，火具有神秘的超自然力量，所以，他们崇拜火，以火为图腾。他们用火熏田除祟、逐疫祛灾、祈求丰年。

春社日，去踩桥

立春后第五个戊日，为社日。四川绵阳一带的人会举行踏青闹春、拜桥祭祀活动。人们在社树下搭起棚屋，先祭神，然后共享酒肉。最热闹的还要数踩桥会，四面八方的人向桥上涌去，纷纷踩桥，希望祛除晦气，带来好运。

羌族转山会：古老而神秘

转山会是茂县羌族的节日，就是祭山，表达了羌人对天地的敬仰。节日期间，人们带上酒、肉、馍馍去赴会，在羌韵皮鼓声中，挥舞着旗帜领歌对歌，有一种"古羌祭山"的庄重与神秘。

艺术
活色生香的美

绵竹年画

锦竹年画又称绵竹木版年画，其历史悠久，主题有避邪迎祥、戏曲故事、神话传说、花鸟虫鱼等。制作时，先刻线版，再印轮廓，然后填色，整个过程都是依靠手工来完成。由于不同的艺人有不同的创意，所以每一幅年画都是独特的。

绵竹年画配色大胆，多用矿物颜料和民间染料加胶矾调制而成，长时间风吹日晒也不变色。

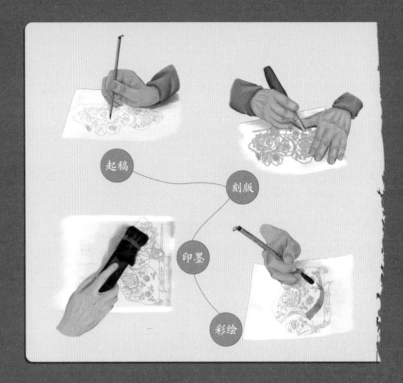

起稿 刻版 印墨 彩绘

周至皮影戏

周至皮影戏有近百年的历史，在炮制好的牛皮上刻画出各种人物、花鸟鱼虫、飞禽走兽，涂上各种颜色，然后安装上小竹棍，就能表演啦。表演时，用一块白布作为屏幕，就像电影银幕一样，人坐在屏幕后操纵皮影，用一盏很亮的灯照着，观众在幕前就能看到一个个的小人。刀光剑影、翻转腾挪、百万大军……全凭一双灵活的手。

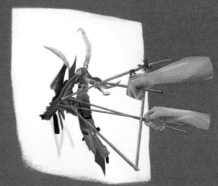

古迹遗存
历史的跫音

南方丝绸之路

　　早在商周时期，蜀人就能织造丝绸了。一些蜀人将蜀锦运到印度出售，印度人可能也到蜀地交易，如此有来有往，慢慢地就形成了一条贸易通道，即蜀身毒道，身毒是对印度的古称，这条路是南方丝绸之路的线路之一。它以四川为起点，经云南，到缅甸、印度，再到中亚、西亚、欧洲。有名的"茶马古道"也在南方丝绸之路上。

石门隧道：古老的人工隧道

　　战国时，莽莽秦岭横亘在南北大地之间，两边的人想要交流，需翻山越岭，绕很远的路，既艰难，又艰险。人们经过无数次探索，终于循着河谷，万分艰辛地开凿出一条山路，成为巴蜀通秦川的主干线，这就是褒斜栈道。可是，褒斜栈道出褒谷后，会被七盘山阻挡，人们只得攀缘、绕道。东汉时，人们便在七盘山下阻碍栈道的地方凿穿山体，当时无隧道之名，以石门喻之，便叫石门。这是地球上较早的人工隧道，沟通了南北。

险峻的古栈道

　　大熊猫国家公园包括四川卧龙国家级自然保护区、四川王朗国家级自然保护区、陕西佛坪国家级自然保护区等。在佛坪国家级自然保护区，有一条著名的古栈道——骆谷道，也叫傥骆道。三国时，魏蜀相争，多次用兵都经过此道。唐武德年间，骆谷道成为长安与汉中、成都连接的交通枢纽。在褒斜道、子午道、连云栈道等古道中，它最快捷，也最险峻。

历史名人
留在川蜀的足迹

张骞

张骞出生在今天的陕西省汉中市城固县，西汉人。汉武帝时，游牧民族匈奴时常入侵边境，骚扰掠夺，汉武帝便派郎官张骞出使西域，寻找大月氏（ròuzhī），一起夹攻匈奴。张骞刚入大漠，就被匈奴骑兵抓到。匈奴人想要张骞归于匈奴，张骞拒绝。匈奴人把张骞扣押了 10 年，一天夜里，张骞趁看管松懈逃了出去。张骞穿越沙漠，翻越雪山，最终抵达大月氏。然而，大月氏已经不想打仗，张骞只得返回。途中，他再次落入匈奴之手。幸亏一年后他趁乱而逃。13 年的时光过去了，张骞几经磨难，九死一生，虽然出使西域的任务没能完成，却打通了中原通往西域的道路——丝绸之路，被誉为"第一个睁开眼睛看世界的中国人"。

蔡伦

在陕西省洋县龙亭铺南，有一座很高的墓，这就是蔡伦墓。蔡伦是东汉人，小时候，家中以打铁为生。不过，他从小就熟读《论语》等书籍。还是小小少年时，就已满腹才华。蔡伦 18 岁时，进宫做了宦官。他性情敦厚谨慎，做事尽心尽力，很快成为传达诏令、掌理文书、参与朝政的高级官员。由于他在工器铸造方面也很出色，皇帝又让他负责这类事务。当时，纸已经被发明，但非常粗糙、昂贵。蔡伦经过考察和研究，让人用剪碎、切断的树皮、破麻布、旧渔网等，制造出了轻薄柔韧、价格低廉的纸。蔡伦被封龙亭侯，人们把他改进的纸称为"蔡侯纸"。造纸术通过丝绸之路传向世界，促进了世界文明的发展。

诸葛亮

诸葛亮，字孔明，号卧龙，3岁时，母亲去世，8岁时，父亲也离开人世。年幼的他只能跟随叔父生活。不幸的是，17岁那年，叔父也病逝了，他便隐居在湖北隆中。他住在茅屋里，躬耕苦读，从一个少年成长为一个胸有丘壑的英才。诸葛亮27岁时，刘备慕名而访，去了三次才见到他，"三顾茅庐"的典故就由此而来。诸葛亮向刘备陈说了三分天下之计，分析了天下大势，后世称这番论说为《隆中对》。之后，他辅佐刘备，帮助刘备建立了蜀汉政权，与孙权的东吴政权、曹操的曹魏政权形成三足鼎立之势。刘备称帝后，诸葛亮为丞相。刘备去世后，诸葛亮辅佐刘禅，依旧忠心耿耿，勤勉谨慎，最终积劳成疾，病逝于五丈原（今陕西省宝鸡市），被追谥忠武侯，后世尊称武侯。诸葛亮那"鞠躬尽瘁，死而后已"的精神，备受后世尊崇。他还留下了《出师表》《诫子书》等名篇。

李白

李白的祖籍在今甘肃省天水市，他则出生在蜀地。李白5岁时读书认字，10岁博览群书，15岁时，写出许多诗作。他又学习剑术，一心想要行侠仗义。24岁时，李白出川远游，一路上饱览大好河山，写下许多著名诗篇。李白为人豪爽，喜欢饮酒作诗，结交了很多朋友。他希望自己的才华得到赏识，于是去了长安。他见到了诗人贺知章，给他看了自己写的《蜀道难》。贺知章赞他为"谪仙"。有了贺知章的推荐，李白见到唐玄宗，得以供奉翰林，专为皇上写诗文娱乐。但没过多久，他自由不羁的性格便使他被排挤出长安。此后，李白一直过着坎坷落魄的生活。李白60多岁时仍在辗转流离，不久就离世了。

神话传说

聆听另一种声音

大禹治水

相传 4000 多年前，黄河泛滥，冲毁了庄稼、房屋，百姓苦不堪言。尧命令鲧（gǔn）去治水，鲧用了"水来土掩"的方法，没能彻底平息水患，最终流放而死，治水大任由他的儿子禹接替。禹刚成亲就离开家，到各地勘察地势、水况。在艰辛的奔波中，他曾三次路过家门，第一次是孩子刚出生时，他怕耽误治水，没有进去；第二次见到了妻儿，也只是招呼一声就走了；第三次经过家门时，儿子已经 10 多岁，他又匆忙离开。

上古时代，人烟稀少，所到之处都是原始森林和纵横河流，没有道路，禹只能一边开路一边前进，腿上的汗毛都被磨光了。禹用了大约 13 年，历尽千辛万苦，采用疏通的方法，把洪水引入大海，最终平息了水患，被尊称为"大禹"。

其间，他跋涉到巴蜀地区时，看到涪（fú）江、岷江（主要是青衣江）一带水害尤为严重，便在这些地方滞留很久，花费了很多精力和时间，疏通了水道。当地百姓为纪念他，把今天青衣江飞仙关下的一段天堑称为"多功峡"，赞美他的功绩。

蚕神马头娘

很久之前，有一位父亲外出，家里只留下女儿和一匹白马。父亲走了很久，女儿便对马开玩笑："你要是能把父亲接回来，我就嫁给你。"马突然奋蹄而起，挣脱缰绳，跑了出去。

马果然找到父亲，并把父亲接了回来。父亲用好料喂马，但马不吃。父亲觉得疑惑，女儿就把之前的玩笑话告诉给父亲。父亲非常生气，哪有女儿嫁给畜生的道理！于是射死马，剥下马皮晾晒在院子里。

一日，女儿和伙伴在院中玩耍，马皮竟一跃而起，裹着她飞走了。几天后，人们在一棵树上发现女子变成了蚕，正在吐丝。人们便把树叫桑树，"桑"同"丧"，意为在这棵树上丧生的姑娘。

父亲知道后非常伤心，谁知，蚕女乘马从天而降，告诉他，自己已经成仙，让他不要伤心。此后，人们建起蚕神庙，祭祀披着马皮的女子——马头娘，也在此祈祷蚕丝丰收。

历史故事

聆听另一种声音

石牛粪金

传说在秦惠王时，秦国的国力越来越强盛，想要扩张领土，将川蜀之地纳入自己的领土。不过，秦巴山是险要之地，山路险峻崎岖，很多地方只容一人通过，没法率领大军直接通过，这让秦惠王十分发愁。

正在苦于没有办法的时候，秦惠王派出去的人打探到一个消息：蜀王性格贪婪。于是他心生一计，让秦军雕刻了石牛，每天在石牛的后面放上黄金，再命人大肆宣扬自己有能拉出黄金粪便的石牛。

一切就绪后，秦国派出使臣进入蜀地，告诉蜀王，秦惠王打算把石牛送给蜀王，与蜀国交好，但是，由于交通不便，无法运送过来。蜀王非常高兴，连忙指挥蜀人开凿道路。他花费了大量的人力、财力和时间，挖平了山岭，填平了山谷和河流，然后让五个大力士去迎接石牛。

正当蜀王等待石牛时，秦国的军队已经沿着铺好的平坦道路长驱而来了，转眼间，秦军兵临城下，蜀国就这样灭亡了。

七擒孟获

三国时，蜀国丞相诸葛亮决定南征，因为有一个叫孟获的首领，经常举兵为乱。诸葛亮得知，孟获作战勇猛，在当地人中很有威信，便决定收服他，为己所用。

诸葛亮使用计谋，派大将魏延去对付孟获。孟获虽然骁勇，但不善用兵，被魏延活捉了。孟获不服气，对诸葛亮说，自己是因为山路难走才被抓住的。诸葛亮听了，笑道："既然如此，且放你回去，待你准备好了再来。"说完，就把孟获放归了。

孟获回帐后，正打算卷土重来。不料，他手下有一个将领非常钦佩诸葛亮，趁着他醉酒睡觉时，将他绑了，送到诸葛亮那里。对此，孟获愤愤不平，认为自己不是诸葛亮凭真本事捉住的。诸葛亮又放走了他。之后又连续四次活捉孟获，但他仍不服气，诸葛亮也仍旧招待他酒菜，然后放归。到了第七次，孟获借来藤甲兵，藤甲不怕刀砍，不怕水，堪称当时的特种装备。然而，诸葛亮根据地形采用火攻，使藤甲兵的藤甲熊熊燃烧，一败涂地，孟获再次被活捉。

孟获终于心服口服，流泪发誓，臣服于蜀。

图书在版编目（CIP）数据

你好，国家公园 . 大熊猫国家公园 / 文小通著 ; 中
采绘画绘 . —— 北京 : 光明日报出版社 , 2023.5
　　ISBN 978-7-5194-7128-6

　　Ⅰ . ①你… Ⅱ . ①文… ②中… Ⅲ . ①大熊猫 – 国家
公园 – 中国 – 儿童读物 Ⅳ . ① S759.992–49

中国国家版本馆 CIP 数据核字 (2023) 第 071681 号

会 讲 故 事 的 童 书

你好，国家公园

海南热带雨林国家公园

文小通 著　中采绘画 绘

光明日报出版社

走进国家公园

国家公园（National Park）是指由国家批准设立主导管理，边界清晰，以保护具有国家代表性的大面积自然生态系统为主要目的，实现自然资源科学保护和合理利用的特定陆地或海洋区域。

世界自然保护联盟则将其定义为：大面积自然或近自然区域，用以保护大尺度生态过程，以及这一区域的物种和生态系统特征；提供与其环境和文化相容的精神的、科学的、教育和游憩的机会。

走进国家公园的"走进"一词，与一般的行走与进入不可相提并论，它威严、慈爱而神圣，它让人有进入别一种世界的感觉，它是在回答"你从哪里来"的所在，它是我们所有人难得的寻根之旅。它内涵有庄重的仪式感——仰观俯察，上穷碧落宇宙苍茫，敬畏天地之心顷刻油然而生；虎啸豹吼，震动山林草木凛然，生命之广大美丽能不让人境界大开？当可可西里的湖泊，宁静而悠闲地等候着藏羚羊前来饮水，当藏羚羊自恋地看着湖水中自己的倒影，会想起诗人说："等待是美好的。"这些藏羚羊，它们在奔跑中生存、生子，延续自己的种族，它们寻找着荒野上稀少的草，却挤出奶来；对于生存和生命的观念，它们和人类大异其趣，孰优孰劣？可可西里不语，藏羚羊不语，野湖荒草不语。人有愧疚乎？人有所思矣：对人类文明贡献最大的是水与植物，"水善下之，利万物而不争"，植物永远是沉默的，开花也沉默，结实也沉默，被刀斧霸凌砍伐也沉默。它默默地组成一个自然生态群落的框架，簇拥着高举在武夷山上，为人类的生存发展，拥抱着、守望着所有的生物——从断木苔藓到泰然爬行的穿山甲，到躲在树叶背后自由鸣唱的各种小鸟，其羽毛有各种异彩，其声音极富美妙旋律，这里是天籁之声的集合地，天上人间是也。

亲爱的孩子，你要轻轻地轻轻地走路，万勿惊扰了山的梦、树的梦、草的梦、花的梦、大熊猫的梦……你甚至可以想象：它们——国家公园的梦是什么样？

徐 刚

毕业于北京大学中文系，诗人，作家，当代自然文学写作创始人，获首届徐迟报告文学奖、冰心文学奖（海外）、郭沫若散文奖、报告文学终身成就奖、鲁迅文学奖、人民文学奖等

目录

海南热带雨林国家公园

海南岛上的"生态绿心"

位于海南岛中部，跨9个市县

中国连片面积最大的热带雨林，世界热带雨林的重要组成部分

全球34个生物多样性热点区之一，生物多样性指数与巴西亚马孙雨林相当

"海南水塔"：南渡江、昌化江、万泉河等河流均发源于此

总面积4269平方千米

"海南屋脊"：园内有五指山、鹦哥岭、猕猴岭、尖峰岭、霸王岭、黎母山、吊罗山等著名山体

分热带低地雨林、热带山地雨林、热带针叶林、高山云雾林

高山云雾林人迹罕至，堪称"世界上被研究最少的森林"，是海南疣螈、鹦哥岭树蛙等珍稀濒危物种的最后庇护所

海南长臂猿在全球的唯一分布地

野生维管束植物3653种

脊椎动物540种

常住人口2.28万人，主要是黎族和苗族

嗨，你们好，我们是海南热带雨林的"一线明星"长臂猿，我们不知道我们的爷爷的爷爷的爷爷的爷爷的爷爷……是什么时候登陆海南岛的，只知道我们家族是地地道道的"土著"。不过，我们"家道中落"，现属于国家一级保护濒危物种，幸亏人类为我们建了保护区，欢迎你们来串门！

长芒杜英的花

长芒杜英的板根

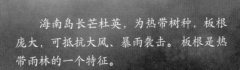

老树上的兰花

海南岛长芒杜英，为热带树种，板根庞大，可抵抗大风、暴雨袭击。板根是热带雨林的一个特征。

兰花绽放在老枝和树干上，这是海南热带雨林植物常见的"老茎生花"现象。

海南长臂猿

人类最孤独的近亲

物种身份证

姓名：海南长臂猿
别名：海南黑冠长臂猿、吼猴、风猴等
纲：哺乳纲
目：灵长目
科：长臂猿科
现状：极危

和孙·悟空不是一家

海南长臂猿是海南特有的灵长类动物，已经在岛上生活了一万多年。长臂猿属于"猿"，而不是"猴"，它是类人猿家族中体型最小、最原始的一种。

猿和猴都属于灵长类动物。猿通常指类人猿，没有尾巴，在基因上与人类最为相近。黑猩猩、大猩猩、猩猩和长臂猿就是我们常说的四大类人猿。而其他有尾巴的灵长类动物则通称为"猴"。

森林里的"小·黑帽"

海南长臂猿的头上长着一撮黑毛，就像戴着一顶"小黑帽"，所以又叫海南黑冠长臂猿。它们刚出生时，一身金黄色"婴儿装"；半年后，换上黑色"童装"；六七岁时，开始"男女有别"，"男士"是一身酷酷的黑衣，"女士"是亮闪闪的金黄外套。作为树栖动物，它们以树为床，以天为被，在高大的乔木上休息、睡觉，以及觅食、玩耍。

行走雨林的"大侠"

海南长臂猿的手臂是灵长类动物中最长的，笑傲雨林全仗着它们了。它们有一个独家绝招"悬挂荡臂式"，它们能够像荡秋千一样将身体抛出去，好似在练飞檐走壁的"轻功"，有时还能飞到15米之外。

风雨无阻的"演唱会"

每天清晨六七点，睡醒的海南长臂猿"掌门人"就扯开了"演唱会"的第一嗓。之后，此起彼伏的和声就开始了。连猿宝宝也不甘示弱地加入了"多重奏"。不久，远处的猿群开始"斗唱"，演唱会进入了高潮。它们的歌声主要是为了宣示领地。

吃荔枝，喝露水

美好的一天怎能没有美味呢？野荔枝、山龙眼、岭南山竹子等130多种植物的果实和嫩叶都是海南长臂猿的主食。偶尔，它们也尝尝昆虫、鸟蛋。叶片上的露水是它们最爱喝的，它们还会用手从树洞里掏水喝。

2003年，中国、瑞士、法国等国家和地区的专家，在海南热带雨林国家公园进行生物多样性考察。这是国际上第一次对海南长臂猿开展的大规模的状况调查，采用了三角定位法。

"大侠"也有苦恼

每个海南长臂猿家庭都有自己的领地，零散分布。它们很少下地行走，因此栖息地很难扩大。被破坏的雨林形成的地带也让它们无法穿越，加上繁殖速度慢，也不利于种群数量的增长。为了帮助它们前往其他栖息地，工作人员搭了很多"绳桥"。

40多年前，海南长臂猿只有10只左右。经过40多年的艰难保护，现在已有35只。全球只有这35只。濒临灭绝的海南长臂猿是研究人类进化过程的重要对象，其珍稀程度不亚于"国宝"大熊猫。

物种身份证

姓名： 坡鹿
别名： 眉杈鹿、眉角鹿、泽鹿等
纲： 哺乳纲
目： 偶蹄目
科： 鹿科
现状： 濒危

海南坡鹿
会"飞"的精灵

"稀世之珍"

我国 17 种鹿类动物中，最珍贵的是海南坡鹿。它们常活动在海拔 200 米以下的丘陵坡地或平地，所以叫"坡鹿"。

长在头上的"弯弓"

雄性海南坡鹿的角就像被拉开的弓，有的足有 1 米长，无论打架还是炫耀都用得上。每年 6 月、7 月，角会脱落，长出软软的鹿茸，这是它们最脆弱的时候。10 月左右，茸角开始角化，它们又有了硬弓一样的新鹿角，变得威风凛凛。这种变化周而复始，会伴随它们一生。

"飞"着逃跑

海南坡鹿喜欢集体生活。每个鹿群都有"哨兵"鹿，一旦勘察到"敌情"，就会发出警示性的鸣叫，坡鹿们便狂奔而逃，就算面前有几米高的灌木丛或几米宽的河沟，都能一跃而过，因此又有"飞鹿"之名。坡鹿是"素食主义者"，青睐竹节草、象草、白茅等。

大灵猫：神秘的"灵狸"

大灵猫俗名灵狸，比家猫大很多，体长 60~80 厘米，最长可达 100 厘米，尾巴上有 5~6 条黑白相间的色环。它们生性孤独、机警，爱昼伏夜出。它们天生是游泳高手，经常涉水捕猎，不过，它们更喜欢在陆地上溜达。

水鹿
爱玩水的"大块头儿"

长獠牙的鹿

水鹿是鹿中的"大块头",体重100～200千克,因此又被称为"山马"。它们还长着两颗约10厘米长的獠牙,这让它们又多了一个绰号——"吸血鬼鹿"。实际上,可爱的水鹿们是食草动物。

水鹿的眶下腺能散发独特的气味,雄鹿和雌鹿会借助这种气味找到自己心仪的伴侣。

千万别惊着水鹿

水鹿的眶下腺特别神奇,一旦被惹怒,或是受到惊吓,眶下腺就会迅速地膨胀,甚至能变得和眼睛一样大!它们的后背上,有一条深棕色的背纹,是一种天生的标识。

放不下对水的依恋

水鹿白天休息,日落后就变得活跃起来了。它们平时喜欢独自游荡,喜欢自由,喜欢水,尤其爱在溪水中游泳,这也是"水鹿"名字的由来。它们洗舒服了,再吃些草、果、树叶和嫩芽,分外惬意。它们性情机警,即使遇到老虎、鳄鱼等天敌,那修长有力的大长腿也能帮它们逃走。

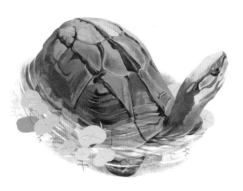

三线闭壳龟:变温专家

三线闭壳龟又叫金钱龟,红木色的龟背上有三条黑线,因此得名"三线闭壳龟"。作为变温动物,它们的日常作息直接受环境温度的影响,温度合适才露面,温度太低就冬眠。它们喜欢吃鱼虾,有时也吃小蜗牛、香蕉等。

物种身份证

姓名：云豹
别名：乌云豹、龟纹豹、荷叶豹等
纲：哺乳纲
目：食肉目
科：猫科
现状：易危

云豹

神秘的"小剑齿虎"

披着"彩云"的"大猫"

云豹得名于它们身上那 6 个云朵一样的斑纹。它们这身"彩云"是绝妙伪装，无论是树下走的人、天上飞的鸟，都很难发现它们。云豹比雪豹小，成年后体重也不到 40 千克。

"小·剑齿虎"

云豹的犬齿（相当于你常听到的虎牙）长度比例在猫科动物中排名第一，有"小剑齿虎"的名号。这还不算厉害，它们的嘴巴最大能张开到接近 90°，而剑齿虎和狮子都比不上它们。它们的咬杀力达 148 千克，超过体形比它们大 2 倍多的猎豹和雪豹，让其他兽类望风披靡。

云豹　　　剑齿虎

无可挑剔的"装备"

粗短的四肢，能降低身体的重心；长长的利爪，能在跳跃时抓牢树枝；长而粗的尾巴，能在攀爬时保持身体平衡；柔韧的踝关节，能让脚的旋转幅度达到最大。这一整套"装备"，让云豹能纵横树梢。夜里，它们蜷在树上，默默地等待树下的小动物走近，然后一跃而下捕食，隐秘而迅猛。

海南豹猫：像豹的猫

豹猫不是豹，而是猫，只因身上的斑纹远看像豹，才叫豹猫。豹猫性格孤僻，黑夜是它们的天堂，它们利用爬树技能和剪刀一样的利齿，能在夜幕下捕食老鼠、松鼠、蛙、蛇等，偶尔也吃浆果、嫩叶。

蟒蛇

怕冷的"爬行大王"

物种身份证

姓名：蟒蛇
别名：埋头蛇、梅花蛇等
纲：爬行纲
目：蛇目
科：蟒科
现状：易危

纵横水陆的"大佬"

蟒蛇是爬行动物中的王者，体长可达 5 米，身上有云豹纹一样的斑纹，喜温热、潮湿，属树栖性或水栖性蛇类。它们很怕冷，20℃时就不爱运动了，15℃时开始呈麻木状态，如果气温持续在 6℃以下时，它们就走向了死亡。当然了，在烈日下曝晒过久它们也会死亡。

> 冷血动物是指变温动物，除哺乳类和鸟类，大部分动物都是变温动物，无法调节自身的体温。

超级"大胃王"

蟒蛇捕猎鼠类、鸟类、山羊、鹿、猪等动物时，会用身体紧紧缠住猎物，直到猎物死去才松开，然后吞下猎物。别担心它们消化不了，除了兽毛外，没什么是它们消化不了的。吃饱后，它们可以几个月不吃饭。它们一般"抱团"冬眠。

> 感觉蟒蛇有点儿娇气。

> 估计它们也很无奈，谁让它们是冷血动物呢。

> 蟒蛇的颌（hé）骨由两块独立骨骼构成，所以它们才能把嘴巴张成血盆大口。它们的上下颌骨灵活，可交替运动，吞下猎物后，若发生意外，还可以立即把猎物吐出来。

巨松鼠：树栖的"树狗"

树狗、黑狸指的都是巨松鼠。它们毛色乌黑，腹、颈、肢内侧等呈橙黄色，也叫黑大松鼠。它们身长 35~40 厘米，尾巴 50~60 厘米长，体重 1000~3000 克，比普通松鼠大好几圈，是一种大型啮齿类动物。每一次进餐，成年巨松鼠都要吃 200~300 克，"肚量"很大。

圆鼻巨蜥
蜥蜴里的"战斗机"

威风的巨蜥

圆鼻巨蜥是中国唯一现存的巨蜥，能活150岁，体长1.5~2米，体重有20~30千克，爪子有5个趾，身上的鳞片让人联想起传说中的龙，所以又叫"五爪金龙"。

憋气高手

圆鼻巨蜥在海边的红树林、山区的溪流和水塘附近，都能生存。游泳时，会把四肢贴近身体，让身体变成流线型，而强壮的尾巴，就成了灵活的"桨"。它们可以在水里憋气十几分钟呢。

逃跑绝招

圆鼻巨蜥会游到水里或爬到矮树上，寻找鱼、蛙、虾、鼠、昆虫、鸟卵等食物。与猎物对阵时，它们会将身体向后，摆出大干一场的架势，但迟迟不出招。一阵沉默而紧张的对峙后，一旦察觉到对方放松警惕，它们就会慢慢地靠近对方，以迅雷不及掩耳之速向对方甩出粗壮有力的尾巴。遇到强大的劲敌时，圆鼻巨蜥会钻到水里躲起来，也会爬到树上，一边用爪子狠抓树皮，一边发出恐怖的叫声，或吐出长长的舌头，发出"咝咝"的声音。为了看起来更威猛，它们还会把脖子鼓起来。有时候，它们甚至会把刚吞下去的食物喷出来，然后趁机逃跑。

匹诺曹蜥蜴

**匹诺曹蜥蜴：
长鼻子的巨蜥**

有圆鼻子的巨蜥，那么，有没有长鼻子的巨蜥呢？在南美洲厄瓜多尔，有一种匹诺曹蜥蜴，就像童话人物匹诺曹那样，它们拥有长鼻子，是世界上唯一拥有长鼻子的蜥蜴。

霸王岭睑虎
能像人类一样眨眼睛

物种身份证

姓名：霸王岭睑（jiǎn）虎
别名：数据缺乏
纲：爬行纲
目：有鳞目
科：睑虎科
现状：数据缺乏

别出心裁的长相

霸王岭睑虎是一种长相花里胡哨的动物，身上有若干条"镶"着黑边的橙黄色横纹，到了尾巴那儿，横纹突然变成白色！这美丽的尾巴用来储存脂肪，受到威胁时，可自断再生，但只能再生一次。再生尾没有时髦的白环纹，只有一些白斑。

和壁虎相比

霸王岭睑虎看着很像壁虎，但比壁虎多了一层眼睑，能像人类一样眨眼睛，而壁虎的眼睛永远闭不上！"睑虎"这个名字就是这样来的。霸王岭睑虎喜食飞蛾、白蚁等，昼伏夜出，被称为"夜行王者"。

中华睑虎：温驯的"纸老虎"

2019 年，中华睑虎被偶然发现，它们自股部至腹部有金斑，这是目前全球已知睑虎中中华睑虎所独有的！虽然名字里带有"虎"，但它们其实是"纸老虎"，性情温驯，由于全身色彩鲜艳，经常被鸟、蛇等动物猎捕。

中华睑虎鳞片放大图

15

鹦哥岭树蛙

会变色的"男高音"

物种身份证

姓名：鹦哥岭树蛙
别名：数据缺乏
纲：两栖纲
目：无尾目
科：树蛙科
现状：易危

岛上唯一的绿色树蛙

鹦哥岭树蛙是第一个以鹦哥岭命名的物种。在被发现之前，海南岛上记录在案的绿色树蛙只有一种，可见它们有多珍稀。

雄蛙嘴角的两边有一对声囊，鸣叫时，向外鼓出两个大气囊，声囊对声带发出的声音有共鸣作用，使蛙声充满气势。夏日雨后的池塘边，常有蛙群此起彼伏地合唱。

神奇的变色大师

白天，鹦哥岭树蛙的背面是暗绿色；夜间，又会变成浅绿色。这是它们在调节体温。白天温度高，浅色可减少热量吸收；夜里温度低，深色能多吸收热量，从而御寒。雄蛙用像牛一样洪亮、浑厚的鸣叫声来宣示领地，或吸引雌蛙，达到求偶目的。

> 不干涉树蛙，是对树蛙最大的尊重。

> 树蛙的家太小了，给它们弄个大点儿的吧！

海南小姬蛙：小小的伪装大师

海南小姬蛙真的非常小，雄蛙 23~25 毫米，雌蛙 28~30 毫米。叫声就像蟋蟀一样细长而尖。它们褐色的背部与岩石、枯枝相似，可以帮助它们藏身或捕猎。

海南拟髭蟾：会"噢噢"叫

海南拟髭（zī）蟾身长 50~55 毫米，总是隐蔽在潮湿的杂草和落叶之间，或在水底缓慢地游动，能发出"噢噢"的声音。

海南疣螈

两栖家族里的"另类"

物种身份证

姓名： 海南疣螈
别名： 数据缺乏
纲： 两栖纲
目： 有尾目
科： 蝾螈科
现状： 濒危

海南疣螈幼体

感谢尾巴

海南疣螈是海南独有的有尾两栖类。它们有一条长尾巴，身长15厘米左右。它们的身体两侧长了两排瘰粒，就是一些圆疙瘩，对称排列，背面布满密集的疣粒，"疣螈"这个名字就是这么来的。

"水晶球"里的小生命

海南疣螈的幼年时期是在水里度过的，用鳃呼吸，长大后，就生活在植物的根部、枯枝叶中或洞穴中。水塘边潮湿腐烂的落叶层下就是它们产卵的宝地。它们的卵是半透明的，像水晶球一样，如果条件适宜，两个月后，小家伙就会"挣脱"出卵泡，来到这个世界。

海南疣螈幼体

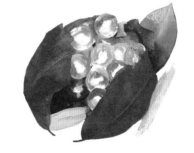
海南疣螈卵

天生的生存技能

海南疣螈处于生物链底层，从不挑食。蚯蚓、蛞蝓（kuòyú）等动物都是它们的盘中餐。刚孵化的小疣螈也懂得自己找吃的，这是在弱肉强食的雨林里必备的生存技能。

白边侧足海天牛：行走的"绿叶"

白边侧足海天牛是软体动物，体形小。它们刚出生时并不是绿色，因为吃绿藻，摄取了叶绿体，才变绿了。海潮水降低时，它们会一小群一小群地聚在红树林的水洼中。太阳灼热时，它们会躲进螃蟹洞或钻进泥沙里。

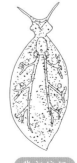
背部俯视

腹部俯视

侧视图

鼋
水中活化石

物种身份证

姓　名：鼋（yuán）
别　名：癞（lài）头鼋、
蓝团鱼、绿团鱼等
纲：爬行纲
目：龟鳖（biē）目
科：鳖科
现　状：极危

重量级生物

鼋主要生活在流动缓慢的淡水河流和溪流中，它们的祖先早在 2 亿年前就生存在地球上了，是名副其实的"水中活化石"。鼋到底有多大呢？它们的体重能有 50~100 千克哟。

强大的冬眠本领

每年的盛夏时节，鼋愿意上岸乘凉，但到了 11 月，它们开始在水底冬眠，直到第二年 4 月春暖花开时才醒来。它们不仅能用肺呼吸，还能用皮肤、咽喉呼吸，正是因为有了这个本领，它们才能安全冬眠。当然了，扛饿本领也帮了大忙。

量身定做的铠甲

行走江湖，少不了一些"装备"，鼋的背和肚子都由骨板包裹，并从左右两侧联结起来，就如一副量身定做的"铠甲"。

悠然的日子

鼋喜欢潜入水底，不喜欢"搬家"，也不喜欢孤单，愿意群居。白天，它们如果不睡觉，就常浮出水面呼吸，夜里则在浅滩寻找螺、蛙、鱼等饱腹，日子过得悠然、惬意。

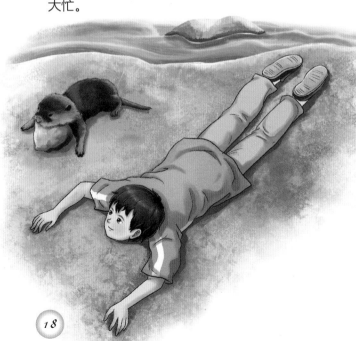

小爪水獭：
世界上最小的水獭

小爪水獭 (tǎ) 的体长只有 0.5 米左右，它们会在河岸挖穴筑巢，通常以小家庭的形式群居。它们比较聪明，会把一堆蛤蜊 (gélí) 放在岸上，借助太阳的热量让蛤蜊的壳自动打开，然后享受美味，还经常站起来，做出祈祷的样子。

海南孔雀雉

孔雀和山鸡的结合版

物种身份证

姓名：海南孔雀雉（zhì）
别名：数据缺乏
纲：鸟纲
目：鸡形目
科：雉科
现状：濒危

像孔雀一样的山鸡

看名字就知道，这是一个海南特有的物种。孔雀雉就是长得像孔雀一样的山鸡，雉就是"山鸡"的意思。它们个头小，雄鸟体长50~67厘米。一旦雄鸟展开尾羽和翅膀，背上和尾羽上的绿蓝带紫的眼状斑就会"睁开"，顿时如穿上了华贵的"晚礼服"。雌鸟则羽色黯淡，身上眼状斑稀少。

鸟儿为什么不飞

海南孔雀雉的栖息地植物茂密，有很好的隐蔽性，因此，它们很难被人发现。如果它们遇到天敌青鼬，就会躲到稠密的树枝后，很少飞到树上躲避，但夜里会飞到树枝上休息。这是为什么呢？至今还未有明确的解释。海南孔雀雉爱吃肉，昆虫和蠕（rú）虫都在它们的菜单上。

海南虎斑鳽：世界上最神秘的鸟

海南虎斑鳽（jiān）是全世界30种最濒危鸟类中的一员，极为稀少。它们来自鹭科家族，属于涉禽，以小鱼、蛙、昆虫等为食。它们独来独往，不爱鸣叫，总像幽灵一样悄无声息地飞来飞去，极为神秘。

海南山鹧鸪

油画一样的鸟儿

物种身份证

姓名：海南山鹧鸪
别名：山赤姑
纲：鸟纲
目：鸡形目
科：雉科
现状：易危

行走的"油画"

黑色小脑袋，白色长"眉毛"，耳边一个小白圈；脖子下橙红色的丝状羽毛，就像美丽的丝巾；翅膀的颜色就像板栗色里调入了棕红色的颜料；红腿红脚……这哪里是鸟，简直就是一幅行走的"油画"啊！怪不得能位列海南三大特有种鸟类排行榜呢。

分路线逃跑

海南山鹧鸪不喜欢做孤家寡"鸟"，总是和亲朋好友在一起，组成4~5只的小分队，"组团"生活。如果遇到天敌青鼬或猛禽，它们会分路线逃走，同时还发出急切的叫声，警告同伴。

用小爪子"刨食"

落叶堆积的地方，是海南山鹧鸪觅食的天堂。它们喜欢刨食，食物主要是植物的芽苞、嫩叶和种子。有时也吃昆虫和蜗牛。

尊重对方的领土

雄鸟的鸣叫声在几千米外都听得见，这是它们在宣示领地或寻求伴侣。海南山鹧鸪还会进行雌鸟、雄鸟"二重唱"，这是共同宣示领地。它们的地盘有时会接壤，但不会重叠，互不侵犯是它们的规矩哦！

蓝背八色鸫：独具匠心的小鸟

蓝背八色鸫（dōng）经常在蚯蚓、白蚁丰富的灌木和草丛中活动。它们会用竹叶、树根、苔藓等搭建巢穴，巢穴一般位于陡峭的沟谷、岩壁上，有的还建在蕨类植物上，独具匠心。

黄嘴角鸮：缩微版夜行鸟

黄嘴角鸮是一种小型鸟类，体长只有 18 ~ 21 厘米。它们是夜行性鸟类，捕食鼠类、蜥蜴等，白天大多躲藏在阴暗的树丛间或洞穴里。

海南柳莺

能捕捉甲虫的小鸟

"人多力量大"

一身金黄与翠绿，明媚温暖，这就是海南柳莺给人的感觉。平时，它们零散行动，有时也会结成约 30 只规模的团体出动，以便捕到更多的毛虫、蚱蜢，连难以招惹的甲虫、蜘蛛也成了它们的猎物。

恋家的鸟儿

海南柳莺很恋家，是一种愿意守着小窝的留鸟。它们的窝远看像一个球，由草叶、草根、树根、树枝及小野花搭成，里面铺着羽毛、干草叶、树皮。鸟宝宝就在这里出生，鸟爸爸、鸟妈妈会守在旁边，轮流看护、喂食。

银胸丝冠鸟：讲义气的鸟

银胸丝冠鸟的喙为银蓝色，它们常在溪边的矮树或灌木上筑巢。鸟巢像袋子，用草茎和草叶搭成。它们性情安静、讲义气，如果有一个同伴遭遇不测，其余的鸟会一直在附近盘旋，想尽办法搭救。

银胸丝冠鸟

黑眉拟啄木鸟

黑眉拟啄木鸟：飞行笨拙的鸟

黑眉拟啄木鸟体长 20~25 厘米，以植物果实和种子为食，偶尔也吃昆虫。它们栖息在树的上层或树梢，不爱动，很少长时间飞行，且飞行笨拙，晚上就在树洞中休息。

绯胸鹦鹉
爱吵爱闹的鸟

物种身份证

姓名：绯胸鹦鹉
别名：鹦哥
纲：鸟纲
目：鹦形目
科：鹦鹉科
现状：近危

嘴与脚并用

绯胸鹦鹉就是有红色胸脯的鹦鹉，它们是海南唯一的野生热带鹦鹉，擅长攀爬，且嘴脚并用！它们的嘴就像锐利的弯钩，脚趾两趾向前，两趾向后，可牢固抓握树枝。

吵人的鹦鹉

绯胸鹦鹉的飞行速度比同属中的其他鹦鹉慢。它们总是组成10~50只的小团队迁徙，发出嘈杂的鸣叫声，只有觅食时是安静的。它们爱吃浆果、坚果、花蜜、嫩枝、幼芽等。到达目的地后，它们会在树上过夜，有时一起过夜的还有八哥、鸦。绯胸鹦鹉性情温驯，经过训练后，可以模仿人类说话。

绯胸鹦鹉啄食种子

牛背鹭：水牛的老朋友

牛背鹭是涉禽家族的一员，成日徘徊在水边。不过，它们是鹭这个大家族里唯一不吃鱼的鸟。它们的主食是蜘蛛、蚂蟥 (mǎ huáng)、蛙等动物，它们还捕食水草中的昆虫，为水牛赶走飞虫，水牛也让它们在背上歇息。它们和水牛形成共生关系。

共生是指两种不同的生物之间所形成的互利关系。如果分开，双方或其中一方就无法生存。人也是一种共生生物。

蝽象
臭不可闻的放屁虫

物种身份证

姓名： 蝽象
别名： 放屁虫、臭大姐等
纲： 昆虫纲
目： 半翅目
科： 蝽科
现状： 数据缺乏

臭不可闻的"臭大姐"

说起"蝽象"，你可能觉得陌生，但一说到"臭大姐"，你可能就有印象了。它们天生有臭腺孔，当遇到鸟类、两栖类、爬行类天敌时，它们就会分泌臭液，散发到空气中，挥发成臭不可闻的气体，从而趁机逃走。不过，大多数蝽象都是害虫。

妖面蛛

妖面蛛：撒网一样捕猎

妖面蛛又叫撒网蛛。有小虫飞过时，它们的前两对足会把蛛网撑开，以罩住飞虫。然后给飞虫注入毒液，再把飞虫包裹起来享用。

弧纹螳

弧纹螳：稀有的螳螂

雄性弧纹螳体长可达26毫米，因为成年后身上的斑纹为弧形，所以得名"弧纹螳"。平常，它们捕食蚊、蝶、蜘蛛等小型节肢动物。

棘卒螽

棘卒螽：蝈蝈、纺织娘的"亲戚"

棘卒螽（jízúzhōng）和蝈蝈、纺织娘是"亲戚"，它们的身体颜色和栖息地的苔藓、地衣色调极像，身上还有刺状突起，也能帮它们更好地隐身。

甲蝇

甲蝇：长着甲壳的苍蝇

甲蝇背着一个保护壳，让它们看起来像瓢虫，其实它们属双翅目。静止时，它们会把膜翅折叠在壳下方，但脑袋还保留着蝇的特征，如膨大的复眼、舔吸式口器等。

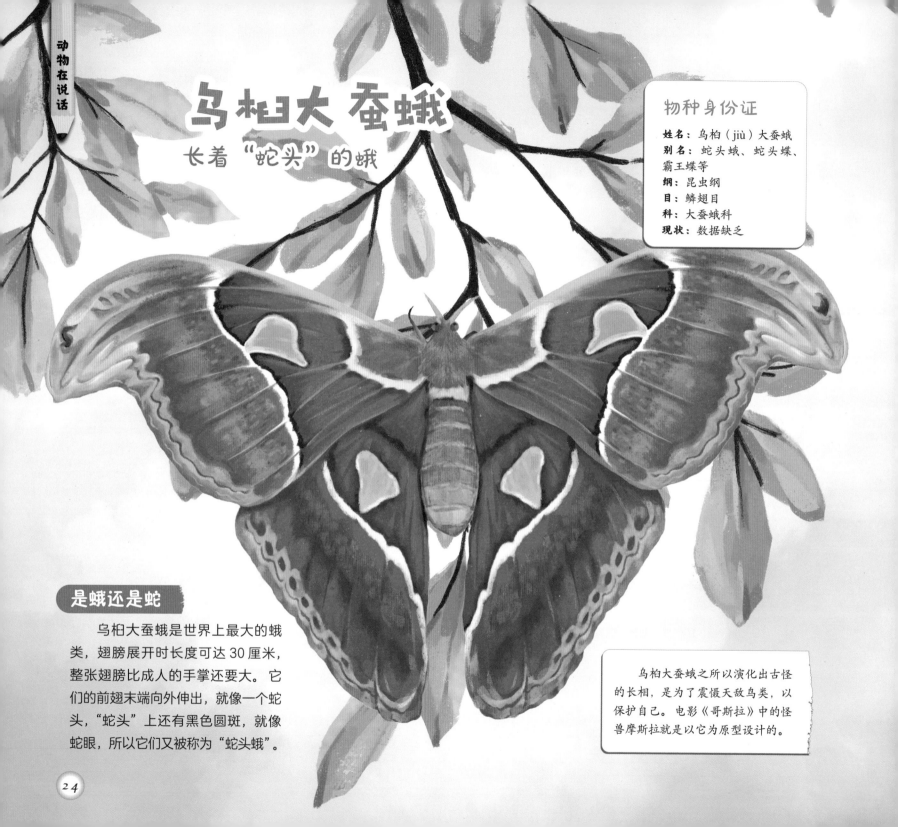

乌桕大蚕蛾
长着"蛇头"的蛾

物种身份证

姓名：乌桕（jiù）大蚕蛾
别名：蛇头蛾、蛇头蝶、
霸王蝶等
纲：昆虫纲
目：鳞翅目
科：大蚕蛾科
现状：数据缺乏

是蛾还是蛇

乌桕大蚕蛾是世界上最大的蛾类，翅膀展开时长度可达 30 厘米，整张翅膀比成人的手掌还要大。它们的前翅末端向外伸出，就像一个蛇头，"蛇头"上还有黑色圆斑，就像蛇眼，所以它们又被称为"蛇头蛾"。

乌桕大蚕蛾之所以演化出古怪的长相，是为了震慑天敌鸟类，以保护自己。电影《哥斯拉》中的怪兽摩斯拉就是以它为原型设计的。

兰花螳螂

拟态是指一种生物模拟另一种生物或模拟环境中的其他物体从而获得好处的现象。除了乌桕大蚕蛾有拟态现象，其他许多动物也有，如兰花螳螂。它们进化出了类似兰花的构造和颜色，使天敌难以察觉。

神奇的生命

乌桕大蚕蛾常常寄生在乌桕、樟树、柳树、大叶合欢树、狗尾草等植物上。成虫在树叶背面产卵，约2个星期后，毛虫出生，开始疯狂地啃食嫩叶，然后在枯叶间结茧蛹。约1个月后，成虫破蛹而出，就成了美丽的乌桕大蚕蛾。

短暂的一生

令人遗憾的是，成虫后的乌桕大蚕蛾口器脱落，无法吃饭，只能依靠幼虫时拼命进食储存的能量维持生命。在完成繁衍后代的使命后，在一两个星期内，它们就会以最美的样子静静地离开。

乌桕大蚕蛾毛虫

乌桕大蚕蛾的翅膀上的鳞片含有色素，使翅膀显出变幻的色彩，从而迷惑天敌。

金斑喙凤蝶

金斑喙凤蝶：中国的"国蝶"

知道我国的"国蝶"吗？它们就是金斑喙凤蝶。金斑喙凤蝶属于凤蝶科，姿态华美高贵、光彩照人，俨然贵妇人，有"蝶中皇后"之称。它们栖息在海拔1000米左右的山地，很少"下凡"到地面饮水或玩耍，偶尔急下地面吃花蜜、喝水，又立即冲上天空，因此不易被发现。

丽拟丝螅：豆娘里的"凤凰"

丽拟丝螅（cōng）是海南特有种，属拟丝螅科，颜色艳丽，有"凤凰"的美称。在繁殖期，雄性会为了争夺"心上人"而进行"比舞大赛"。

丽拟丝螅

桫椤

和恐龙一起生活过

物种身份证

姓名： 桫椤（suōluó）
别名： 蛇木、树蕨、
笔筒树等
纲： 薄囊蕨纲
目： 桫椤目
科： 桫椤科
现状： 近危

蕨类植物之王

大约 1.8 亿年前的侏罗纪时代，桫椤与恐龙还是"邻居"，它们甚至比恐龙出现还早 1.5 亿年左右。在漫长的时光中，恐龙等很多生物灭绝了，那些历经灾难后幸存下来的物种就叫孑（jié）遗物种，其中就有桫椤，被誉为"蕨类植物之王""活化石"。

巨大的笔筒

远远地看去，桫椤有些像椰子树，但桫椤不是树，而是一种树蕨，是现存唯一的木本蕨类植物。它们的树干笔直向上，没有一个分枝，像一个巨大的笔筒，叶子都长在"头上"。

不会开花的植物

桫椤不开花，没有花粉，那么，它们是怎么繁衍后代的？原来，桫椤叶子的背面长满了圆圆的孢（bāo）子囊，囊中有许多孢子，这就是它们的种子。当孢子随风飘落后，就会生根发芽了。但孢子死亡率高，加上桫椤叶冠呈伞形，其下缺乏光照，使附近的幼株难以生长。湿度和温度的变化也影响孢子萌发。这些昔日的植物霸主之一如今已经濒临灭绝。

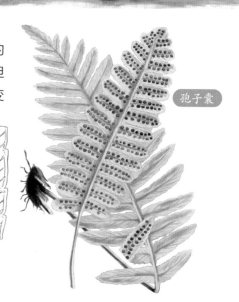

孢子囊

金毛狗蕨： **植物活化石**

金毛狗可不是长着金毛的狗，而是一种蕨类植物。它们的根茎被金黄色茸毛覆盖，神似有着一身金毛的狗。不过，因为它们古老而珍贵，不断被人盗挖，如今已经濒危。

孢子囊剖面

海南苏铁

传说中会开花的铁树

物种身份证

姓名：海南苏铁
别名：刺柄苏铁、枝花苏铁
纲：苏铁纲
目：苏铁目
科：苏铁科
现状：濒危

苏铁类植物是地球上现存最原始的种子植物，种子植物的历史从它们开始。

养活过陆地上最大的"吃货"

苏铁类植物早在2亿多年前就出现了，侏罗纪时代，苏铁和桫椤一起"养活"过当时陆地上的大"吃货"——植食性恐龙；白垩纪，被子植物崛起，苏铁才让出霸主位置；大冰川时期来临时，海南苏铁因青藏高原、秦岭阻隔了寒流而幸免于难。

寿星也有苦恼

海南苏铁能活200多岁，但它们也有苦恼。从发芽到"开花"需要十几年的时间，有时会更长。雌球花和雄球花的配合又不够默契，当雌球花准备接受雄球花的花粉时，雄球花却因为开得早，花粉活性已大大下降，就算雌球花侥幸得到了花粉，有时也很难孕育出后代，所以海南苏铁的命运堪忧。

铁树真的会开花

苏铁就是传说中的"铁树"，据说铁树开花非常难，其实，"10岁"以上的苏铁几乎每年都会开花。"铁树花"指孢子叶球，即生殖器官，俗称球花。雌球花是大孢子叶球，像洋葱头，里面藏着种子；雄球花是小孢子叶球，像玉米穗。

雌球花

雄球花

葫芦苏铁：不怕火烧的铁树

葫芦苏铁诞生于侏罗纪时代，树干长在地下，葫芦形，因这样形状的茎干而得名。葫芦苏铁不怕火烧，就算叶子被火烤焦后，茎干也很少受伤，被称为"避火蕉""避火树"。

伯乐树
植物中的 "龙凤"

物种身份证

姓名： 伯乐树
别名： 钟萼木、山桃花等
纲： 双子叶植物纲
目： 罂粟目
科： 伯乐树科
现状： 近危

孤独的 "伯乐"

伯乐树非常珍贵，全球范围内，只有我们国家才有伯乐树。它们是第三纪孑遗植物，本来有很多亲戚，但都在地壳变动和冰川运动中灭绝了，只有它们幸存下来，成为伯乐树科中唯一的一个种，被称为 "植物中的龙凤"。它们可以帮助科学家研究古地理、古气候等。

传说中的钟萼木

伯乐树耐干旱。它们可以关闭全身的气孔，防止水分从叶片蒸发散失。伯乐树身姿挺拔，可达 20 米高，但它们可不是 "钢铁侠"，树身线条柔美，每到 4、5 月，花朵盛放，一簇簇地挤在一起，美若桃花，所以又叫山桃花。细看花萼，俨然一口口小钟，所以又叫钟萼木。

容易 "沉睡" 的种子

伯乐树生长缓慢，是 "慢性子"，种子要在落叶中 "沉睡" 1 年后才萌芽。如果水不够或发生其他意外，种子就会永远地沉睡下去。等到种子好不容易长成小苗后，根上又没有根毛，没法储水，让幼苗极易枯萎，所以，伯乐树已处于近危状态。

伯乐树果实

海南粗榧
"隐居" 在云雾中

物种身份证

姓名：海南粗榧（fěi）
别名：西双版纳粗榧、薄叶三尖杉等
纲：松杉纲
目：三尖杉目
科：红豆杉科
现状：濒危

"隐居" 在云雾深处

海南粗榧长得高大，能长到 20 多米。它们爱阴凉，爱湿润，愿意"隐居"在云雾缭绕的沟谷、溪涧旁或山坡上。叶片背面藏着两条白色的带状纹路，这就是气孔带。为什么长在背面呢？因为叶的背面受太阳辐射强度较小，温度较低，不易散失水分。气孔一般是开放状态，温度过高时气孔会因过度失水而关闭。气孔带由很多气孔组成，可以帮助植物与外界交换营养物质等。

鸟儿爱吃的种子

海南粗榧雌雄异株，每年 3、4 月开花，雌球花和雄球花长相差不多，都是圆圆的球。秋天，球花里的种子结成，看起来就像橄榄，成熟后变成红色，又像红枣。它们是鸟类和其他食草类小动物的美食，这使种子很少有发芽的机会。

海南梧桐花、果实

海南梧桐："倔强"的种子

海南梧桐是海南特有植物，高可达 16 米，它们也喜欢云雾缭绕的山谷阴湿地带，开黄白色小花，种子含有油分。因种皮坚硬，使得外面的空气和水分很难渗透进来，所以，种子存活率很低，这是海南梧桐濒危的原因之一。

海南粗榧果实

坡垒
芳香四溢的大树

物种身份证

姓名：坡垒
别名：海南柯比木、石梓（zǐ）公等
纲：双子叶植物纲
目：侧膜胎座目
科：龙脑香科
现状：濒危

坡垒的树脂中含有古芸香脂，这种香气会让人安静，又叫龙脑香。

随遇而安

坡垒能长 20~30 米高，无论是炎热、不通风、潮湿，还是岩石裸露的环境，它们都能随遇而安，活得有滋有味，这是因为它们的根扎得很深。

会飞的种子

坡垒快要结果时，包裹在花蕾外面的两片花萼会神奇地伸长，等果实成熟时，就化成一双"翅膀"，随风飘飞、坠落，宛若一群群蝴蝶。

坡垒的种子含水量高，但水分流失快，掉落几天就会死亡。即使侥幸存活，如果扎根在母树周围，也会因为母树遮住了阳光，导致光照不足而死去。

种子发芽　　　　开花　　　　果实　　　　成熟的果实

青梅
所剩无几的青皮

物种身份证

姓名：青梅
别名：青皮、苦香、油楠等
纲：双子叶植物纲
目：侧膜胎座目
科：龙脑香科
现状：易危

借风力传播种子

青梅长得结实、坚硬，寿命长。花期5—6月，果期8—9月。果实成熟后，还会被叶片包裹，像坡垒一样利用风力传播种子。

海南野荔枝：长臂猿爱吃的美味

海南野荔枝属无患子科植物，"身高"可达30多米。中国最古老的野生荔枝林位于海南霸王岭，每当果子成熟时，海南长臂猿就会赶去享受美味。野荔枝每隔几年才结一次果，长臂猿吃上一次很不容易。

青梅的"气势"

如果你想"遇见"青梅，在国内，可以去海南岛。青梅的得名是因为树皮是青灰色的。有的青梅能长到25米，成片的青梅林遮天蔽日，气势惊人。

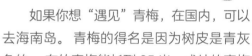

"见血封喉"树：最毒的"鬼树"

"见血封喉"树主要生长在海南五指山热带雨林地区，属桑科。它们是"世上最毒的树"，也叫"鬼树"，因为它们那乳白色的汁液一接触人或动物的伤口，就会让接触者心脏麻痹，血液凝固，直至窒息而亡。古人常把树液涂在箭头上捕猎，所以，它们又叫"箭毒木"。

降香黄檀
爱做"鬼脸"的大树

物种身份证

姓名： 降香黄檀
别名： 降香、海南黄花梨、降香木、花梨母等
纲： 双子叶植物纲
目： 豆目
科： 豆科
现状： 极危

李时珍为它们起名

降香黄檀是一种黄花梨树，有一股香气，明朝李时珍在《本草纲目》中称为"降香"。它们是海南特有树种，开淡黄色或乳白色的小花，果实像豆荚一样，里面包裹着种子。

神秘的"鬼脸"条纹

降香黄檀还叫花梨母，"花"是指树上天然形成的"鬼脸"条纹，形如狐狸头、老人头、毛发等。这些千奇百怪的"鬼脸"其实是树的结节、疙瘩呈现出的花纹。由于降香黄檀长得慢，生存环境又恶劣，饱受风吹、雨打、日晒，所以长出了很多结节。

降香黄檀果实

红花天料木

红花天料木：树中"硬汉子"

在热带雨林世界里，红花天料木绝对算得上巨人了，最高可以长到 40 多米，又叫"摩天树"。如果树被雷电劈倒了，母树残留的地方还能萌发出新芽，因此它们又叫"母生"。它们是树中的"硬汉子"，据说有人往树上敲钉子，钉子会被顶弯；而发达的根，让它们能抵抗大风的吹刮。

陆均松

"中国最美古树"之一

物种身份证

姓名：陆均松
别名：泪柏、卧子松、逼赏松等
纲：松杉纲
目：罗汉松目
科：罗汉松科
现状：濒危

2000 多岁的"树王"

2017 年中国林学会评选出 85 棵"中国最美古树"，其中一棵即为 2600 多岁的陆均松，被称为"神树""树王"。热带雨林植物竞争激烈，陆均松为了获取更多的阳光和水分，拼命地长成 30 米左右的大高个儿。

会流泪的大树

陆均松天然群落是丰富的物种库，多样性极高，而陆均松是顶级植物群落的建群树种。陆均松也叫"泪柏"，因为它们受伤时会流出褐色汁液，就像人流眼泪一样。不过，它们的"眼泪"是芳香的松脂。

会变魔法的叶子

幼年的陆均松，长的是针形叶，像螺旋一样排列，以便得到更多的阳光，也能更好地通风。成年的陆均松，叶子是鳞形叶，鳞形叶像鱼的鳞片一样紧密，能让树枝更抗风。

剖开的陆均松果

雅加松：挺直腰杆活着

雅加松可高达 45 米。它们扎根在悬崖峭壁上，腰杆笔直，大风无法撼动，被称为"小黄山迎客松"。雅加松的针叶边缘长着锯齿，可减少水分蒸发。

松树是常绿树种。常绿不等于不落叶，只是不像落叶树那样在秋冬季节集中黄叶、落叶。

蛤兰：开在树上

你可能想不到，树上竟然会盛开兰花！在热带雨林中，这并不罕见，陆均松上就生长着蛤兰。兰花之所以长在树上，是因为在高处可以尽可能多地得到阳光和雨露。

海南油杉

来自第三纪的古老树种

风光而美丽

海南油杉是第三纪子遗植物，只生长在中国，30米左右高。美丽的披针形叶，让它们在热带雨林中显得十分风光。在它们的叶子上面沿中脉两侧各有4~8条气孔线，下面有2条气孔带。

披针形叶在高等植物中多见，如桃树、柳树、竹子的叶子。

披针形叶子

油丹

好像喝了油的树

不简单的叶子

油丹高25米左右，除幼嫩部分外，全身都没有毛，叶子很有质感，就像刚喝饱了油水，完全对得起"油丹"这个名字。如果你拿一片油丹叶子对着太阳看，会发现叶子几乎是透明的。这种叶子叫作革质叶片，耐寒，能储水。

油丹果实

叶子是植物感受环境的器官，革质叶片就像皮革的质地，带有香味，正面为深绿色，背面为浅绿色，边缘是波浪形，桂树和玉兰树也长着这种类型的叶子。

海南紫荆木

海南独有的乔木

独特的生存策略

海南紫荆木为海南所独有，它们主根很发达，侧根很少，吸收土壤养分的能力很弱，这让它们在较为封闭的丛林里难以生存，因此，它们总是在林冠稀疏的空地扎根。

海南紫荆木果实

花冠是一朵花中所有花瓣的总称，因形似王冠而得名。花冠能保护花的内部结构，又能招引昆虫前来传粉。

长着"花冠管"

海南紫荆木花期长，能从每年的6月开到9月。白色的花瓣是长圆形的，顶端特别尖，还有细长的小"管子"，这就是"花冠管"，约4毫米长。花期过后，就是绿黄色果子登场的时间了。

海南紫荆木花

石碌含笑：散发香蕉味的花树

石碌含笑是木兰科植物，海南土生土长的植物，能长到8米高，终年披挂一身绿衣。春天含笑绽放，硕大肥厚的花瓣和玉兰相似，花朵和叶子一样是倒卵形，其香味和香蕉的味道很像，又好像混合着苹果味和菠萝味。石碌含笑的每个雌蕊都会形成一个小果子，最后，一朵花上所有的小果子会聚在一起，长成聚合果。成熟时，果皮一面裂开。平时大家吃的草莓也是聚合果哦。

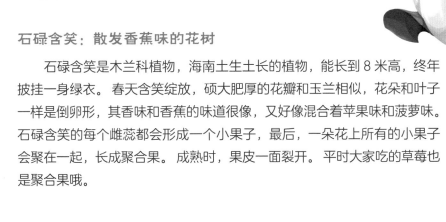

石碌含笑花果

蝴蝶树

千朵万朵"蝴蝶"飞

不会飞的"蝴蝶果"

为什么会有"蝴蝶树"这样浪漫的名字呢？因为蝴蝶树的果实长着一双翅膀，很像蝶翅，远望就如满树飞满蝴蝶。遗憾的是，蝴蝶树的果实含有很多淀粉，等到种子成熟时，很多都被虫子蛀空了，这使蝴蝶树的繁衍特别困难。

海南风吹楠：极小种群植物

海南风吹楠属肉豆蔻科，现为极小种群植物。它们一旦"受伤"，会渗出暗红色"血液"，就是树脂。它们的枝叶可以用来煮饭或泡酒，被称为"仙人血""血树"。

在植物王国中，有一些成员种群数量稀少，分布范围狭窄，甚至濒临灭绝，这类植物就是极小种群植物。

海南风吹楠果实

海南风吹楠花

物种身份证

姓名：蝴蝶树
别名：小叶达理木、加卜（bǔ）等
纲：双子叶植物纲
目：锦葵目
科：锦葵科
现状：易危

蝴蝶树花

蝴蝶树果实

土沉香：奇香来自伤口

土沉香就是沉香树，易危物种。沉香树受伤后分泌出树脂，树脂浸在沉香树的树干中，经过长时间的演变，便结成"沉香"。土沉香的花是黄绿色，小花亲热地挤在一起，像一把小伞。这是伞形花序。之后，它们会结出蒴（shuò）果，和绿茄子有几分像。

土沉香花

土沉香果实

蒴果，一种干果。干果就是果实、果皮成熟后变干燥的果子，分为裂果和闭果。蒴果属于裂果，成熟时会自动裂开。

驼峰藤
长着"驼峰"的野藤

物种身份证

姓名： 驼峰藤
别名： 沉香、女儿香、牙香树等
纲： 双子叶植物纲
目： 捩（liè）花目
科： 萝摩（mó）科
现状： 濒危

有趣的小·花

　　驼峰藤的藤长可达 2 米左右，叶子有尖，有的看起来就像一颗心。春天，淡绿色的花蕾就像一顶顶可爱的小帽子，又有点像小南瓜。等到花盛开时，5 片花瓣向花的中部卷曲，又像一顶顶王冠，"王冠"中央，还有一个副花冠，花虽然小，却很复杂。

　　花冠内部附生的冠状物，叫副花冠，水仙花就长着副花冠。

花里有一个"驼峰"

　　如果你仔细地观察驼峰藤，就会发现，它们的副花冠有肉质隆起，极像骆驼背上隆起的驼峰，这就是"驼峰藤"得名的由来。花凋谢后，满藤都是果实。它们的果实叫蓇葖（gūtū），为纺锤形，外面包裹着一层黄色的果皮。

驼峰藤果实　　驼峰藤裂开的果实

　　驼峰藤属萝摩科，很多已知萝摩科植物都有一定的毒性。比如，"科长"萝摩，从叶柄处扯断一片枯萎的叶子，断裂处会流出白色汁液，具有毒性，根和茎也都有毒。科学家因此推测，驼峰藤可能也有毒。

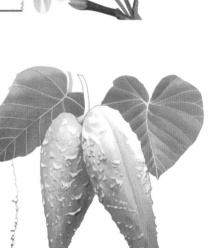

萝摩果实

吊罗山萝芙木：用皮孔喘气

　　吊罗山萝芙木生长在海南岛的吊罗山。它们是小灌木，通过皮孔呼吸。皮孔就是茎上长的一些稀疏的孔洞，也叫皮目，能帮助植物和外界进行气体交换。它们的花是黄色的聚伞花序，模样清丽，现已是易危物种。

吊罗山萝芙木花

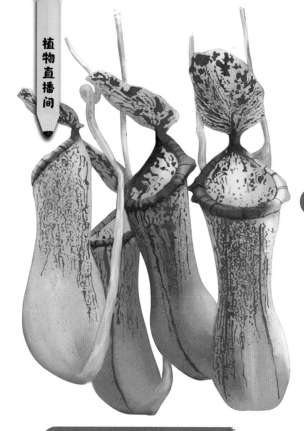

猪笼草

沉默的植物"杀手"

物种身份证

姓名：猪笼草
别名：水罐植物、猴
水瓶、猪仔笼等
纲：双子叶植物纲
目：瓶子草目
科：猪笼草科
现状：易危

爱吃肉的植物

猪笼草可以扎根在贫瘠的土壤中，也可以扎根在有苔藓的山顶。它们虽然是一种小小的草本植物，却有猎捕昆虫的本事。之所以有这种本事，是由于它们进化出复杂的构造——捕虫笼。捕虫笼是圆筒形，笼口上居然还有盖子，整体形状像猪笼，又像瓶子。盖子能分泌香味，引诱昆虫过来，但由于瓶口光滑，昆虫站立不住，会滑落瓶内，被瓶底分泌的液体淹死、分解，猪笼草就这样吃下了虫子，吸收了营养。

猪笼草花

白天微香，夜里奇臭

猪笼草的花序是总状花序，一株能开十几朵到上百朵。风会帮它们传送花粉，花萼也会分泌花蜜，吸引昆虫帮助它们授粉。白天，花朵略有香味；夜晚，则散发出难闻的气味。猪笼草的果实成熟后，会自动裂开，释放出几百粒种子。动物对它们的种子不感兴趣，因为种子没多少"肉"，营养不丰富。

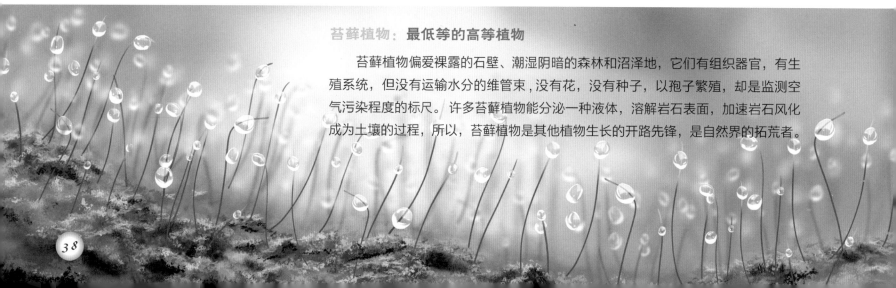

苔藓植物：**最低等的高等植物**

苔藓植物偏爱裸露的石壁、潮湿阴暗的森林和沼泽地，它们有组织器官，有生殖系统，但没有运输水分的维管束，没有花，没有种子，以孢子繁殖，却是监测空气污染程度的标尺。许多苔藓植物能分泌一种液体，溶解岩石表面，加速岩石风化成为土壤的过程，所以，苔藓植物是其他植物生长的开路先锋，是自然界的拓荒者。

尖峰水玉杯
精灵的灯笼

物种身份证

姓名： 尖峰水玉杯
别名： 精灵灯笼等
纲： 木兰纲
目： 薯蓣（yù）目
科： 水玉簪科
现状： 渐危或濒危

神秘的新物种

尖峰水玉杯是一种新发现的物种，发现地是海南尖峰岭。因为它们是水玉杯属，所以叫尖峰水玉杯，又因为外形像红色灯笼，因此也被称为精灵灯笼或仙子灯笼。

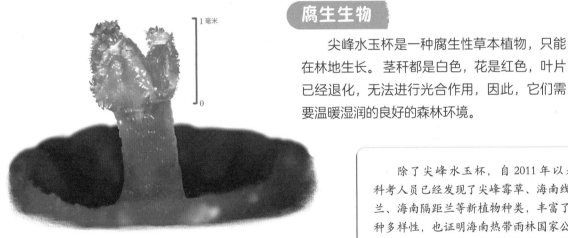

腐生生物是指从尸体、动物组织、枯萎的植物身上获得养分的生物。大部分真菌、细菌都属于腐生生物。

腐生生物

尖峰水玉杯是一种腐生性草本植物，只能在林地生长。茎秆都是白色，花是红色，叶片已经退化，无法进行光合作用，因此，它们需要温暖湿润的良好的森林环境。

电子显微镜下的尖峰水玉杯

除了尖峰水玉杯，自 2011 年以来，科考人员已经发现了尖峰霉草、海南线柱兰、海南隔距兰等新植物种类，丰富了物种多样性，也证明海南热带雨林国家公园内的生态环境优良，自然保护有效，接下来，相信会有更多的新物种被发现。

海南凤仙花：一身不凡

海南凤仙花是海南特有物种，在密林或石灰岩缝隙中能看到它们的身影。它们"身高"30~50 厘米，花朵娇艳，蒴果像棒槌，里面"睡"着 4~5 枚种子，种子约 3 毫米长。

海南隔距兰

热带雨林
神奇的森林生态系统

地球的肺

我们人类呼吸依靠肺，那么，地球呼吸依靠什么呢？它也依靠"肺"，热带雨林就是它的肺。热带雨林是一种森林生态系统，常见于赤道两侧热带地区，是地球上物种最丰富的地方。茂密的植物在进行光合作用时，能吸收二氧化碳，释放氧气，并具有净化环境的功能，宛如一个巨型"空气清净机"，能让地球呼吸新鲜空气。因此，热带雨林被誉为"地球之肺"。

古老物种的避难所

目前，据科学家估算，地球迄今已经有 46 亿岁"高龄"，在几十亿年漫长的时光里，地球经历过无数劫难，比如，第四纪冰川期，让很多动植物都灭绝了。幸运的是，海南热带雨林没有受到第四纪冰川的影响，成为许多古老物种的避难所，成为全球最大的生物基因库。

谜一般的森林生态系统

作为一个森林生态系统，海南热带雨林是我国分布最集中、类型最多样、保存最完好、连片面积最大的大陆性岛屿型热带雨林。物种极为丰富，植物生活类型多样。动植物虽然多，但都有适合自己的"一席之地"。

海南热带雨林国家公园植被分布

高山云雾林

分布：海拔 1300 米以上，多分布在五指山、鹦哥岭、霸王岭等。

代表种：杜鹃花、粟树等。

特点：云雾多，湿度大，植物矮小、弯曲，林冠稀疏，附生的苔藓、地衣盖满地面，顺着树干"爬"到树枝上，很难看到裸露的地表，宛若仙境。

云雾林所在地方山高林密，人迹罕至，是"世界上被研究最少的森林"，也是很多珍稀濒危动植物最后的庇护所，海南疣螈、鹦哥岭树蛙就"隐居"这里。

热带针叶林

分布：海拔 1200 米以上，多分布在鹦哥岭、五指山、霸王岭等。

代表种：华南五针松林、南亚松林等。

特点：松风萧萧，落下的针叶如被，可见多种蘑菇。

热带山地雨林

分布：海拔 700 ～ 1300 米。

代表种：陆均松、鸡毛松、海南紫荆木等。

特点：在海南岛热带森林植被中面积最大，蕨类植物、苔藓植物繁茂。

热带低地雨林

分布：海拔 800 米以下。

代表种：青梅、坡垒、荔枝、母生等。

特点：容易看到板根、老茎生花、木质藤本等雨林奇观。

植物间激烈的"战争"

热带雨林中物种众多，为了争夺阳光、营养和生存空间，植物之间的竞争也极为激烈，并因此形成了独特的雨林景观。

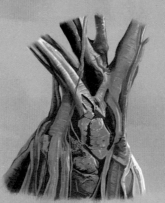

板根： 热带木本植物所特有的板状不定根，有的 10 多米高，还会生出 10 多米宽的侧翼，壮观无比。

根抱石： 植物种子在石头上发芽，树根把石头紧紧抱住生长，形成有根有石的现象，可抵抗大风。

气生根： 植物茎上生的根，从上往下长，暴露在空气中，可"独木成林"。

高山榕"绞杀"海南粗榧

空中花园： 一些附生植物附在树干、枝丫，甚至叶子上，形成"树上生树""叶上长草"的现象。

老茎生花： 一些花朵为引诱和方便昆虫等动物为其传粉，并能争夺阳光、结子传播，而进化出的奇特方式。

木质藤本： 有的植物因阳光和水分不足，无法"直立"成长，便攀爬乔木，登上树顶才绽放花朵，最长的可达 200~300 米。

植物绞杀： 一些植物附在乔木上，依靠气生根缠绕、勒死乔木，再用长出的根独立生活，因此，在一株树上有时可见两种叶子。

欧洲没有热带雨林分布，美洲、亚洲、非洲、大洋洲都有。中国除海南热带雨林外，还有云南西双版纳雨林。

典型岛屿型热带雨林

远古时代，海南岛被热带雨林所覆盖。在 70 万年前，已有苏铁、棕榈等植物摇曳生姿。在 3200 多年前，桫椤、金毛狗等蕨类植物，陆均松等裸子植物，木兰、冬青等被子植物，迎来黄金时代；沿海、河口、海湾长满高大的红树林。

海水里的红树林

红树林是生长在沿海海滩，由红树植物组成的一种特殊的森林。在红树林，红树植物的根几乎常年长在海水里，种子还进化出了神话一般的本领——能在树上的果实中萌芽、长成小苗苗，然后再脱离母株，坠落到淤泥中，开始生长——红树植物是极为罕见的"胎生植物"。

红树林是一种陆地向海洋过渡的特殊生态系统，是珍稀濒危水禽的重要栖息地，有力地维护了物种多样性，被称为"海岸卫士""海洋绿肺"。

地形地貌
来自远古的"大陆岛"

曾和大陆连在一起

海南热带雨林国家公园位于海南岛中部，包括五指山山脉、黎母岭山脉大部，构成了海岛的最高脊。可是，你知道吗？在很久以前，海岛是和大陆连在一起的。

海水的阻隔

从1亿多年前的侏罗纪、白垩纪开始，地壳运动，火山活动，使陆地褶皱隆起。到第四季冰川期，海平面上升，深深的海峡彻底地隔断了海南岛与大陆的联系，海南岛才成为岛屿。

> 本来是大陆的一部分的岛屿，被称为大陆岛。海南岛就是大陆岛。

从一个"馒头"开始

海南岛的形状像一个馒头，中间高耸，四周低平，这就是穹隆山地形。这个"穹隆"以五指山、鹦哥岭为中心，向外围逐级下降，由山地、丘陵、台地、平原构成了阶梯一样的层状地貌。

> 地壳运动时，岩层受力，会呈现出波浪状弯曲的构造，这就是褶皱结构。

从 2.5 亿年前的三叠纪，到 1 亿多年前的侏罗纪，岩浆活动特别强烈，由此形成了海南岛的花岗岩体，构成了山地。

枫果山瀑布群

你一定喜欢"飞流直下三千尺"的瀑布，吊罗山就有一个瀑布群，叫枫果山瀑布群。它是"海南第一瀑"，全长 1.5 千米，由 10 级瀑布组成，最大落差达 150 多米，宽 30 米，据说雨季宽 60 米。离瀑布还有段距离时，就能听到水声似咆哮；等到终于抵达瀑布附近，但见硕大的白练，仿佛从天外飞降而来，荡气回肠，震撼人心。

瀑布的形成和地质变化有关。

流水侵蚀作用会使岩石崩落，形成陡峭的瀑布。

地壳运动使地下的熔岩被挤出地面，在河道中形成一堵"墙"，阻拦了河水，也能形成瀑布。

冰川切入山谷，使两侧形成悬崖峭壁，也能形成瀑布。

隆起的玄武岩演变成坚硬的台地，也能形成瀑布。

山区地势的陡坡加大，也能形成瀑布。

......

山岭
起伏在大地之上

五指山

在《西游记》里，有一座能够镇压孙悟空的神奇的五指山，在海南热带雨林，也有一座五指山。不过，它是海南岛第一高山，最高峰海拔 1867 米，有"海南屋脊"之称，是海南岛的象征，全长 40 多千米。因五峰相连很像人的五指，所以得名"五指山"。五指山生物多样性丰富，保存的典型热带雨林是海南热带雨林的重要组成部分。

五指山

鹦哥岭

相传鹦哥岭曾生活着成千上万只绯胸鹦鹉，当地人把鹦鹉叫鹦哥，这片大山就被叫作鹦哥岭。鹦哥岭有一种险峻之美，在这里，能领略四季不同的美景，以及独特的黎族、苗族风土人情。这里有 1600 多种昆虫，仅是蝴蝶就有 400 多种。

尖峰岭

尖峰岭主峰海拔 1400 多米，岩壁陡峭，怪石嶙峋，状如矛尖，直刺云天，"尖峰岭"因此得名。这里随处可见典型的热带雨林景观，如板根巨树、空中花园、绞杀榕、老茎生花等。

霸王岭

　　霸王岭常有黑熊出没，可能过去当地人经常听到黑熊的叫声，由于其声音与狗叫差不多，所以当地人把山岭叫"坝汪岭"，意思是"狗叫的山岭"，后来慢慢就写成了"坝王岭"，之后又改名为"霸王岭"。霸王岭野生动植物物种丰富，有"绿色宝库""物种基因库"的美誉，"能攀善爬的附生植物""缠绕绞杀植物"等热带植物形成的奇观四处可见，还有"霸之林、王之木、奇之石、花之境、稀之猿、温之泉"的美称。

吊罗山

　　吊罗山是我国重要的热带雨林分布区之一，其中，低地雨林发育最为繁盛，最接近"赤道热带雨林"，有根抱石、倒木再生、滴水叶尖等热带雨林独特景观。山中水资源丰富，飞瀑溪潭带给人丝丝凉爽。空气中负离子含量极高，为国内同类型森林之最，曾获"中国森林氧吧"之誉。

黎母山

　　黎母山素有"海岛之心""三江之源""沉香之冠"等美称。它是海南岛绵延最长的一组山地，自古以来被黎族视为圣地，是黎族人的始祖山。黎母山的土壤有黄壤、赤红壤、砖红壤，现已查明的就有 4300 多种动植物在此生存，很多是海南特有物种。

水系

海南岛的"三江源"

南渡江：海南第一大河

滔滔的南渡江发源于海南热带雨林国家公园的鹦哥岭深处，又叫南渡河、黎母水，在江边有很多黎族同胞聚居。在整个海南岛，南渡江堪称众多江河中"当仁不让"的"老大"，全长333.8千米，流经多个市县，最后流入琼州海峡，进入大海。

昌化江：不甘寂寞的河

在海南岛的江河中，昌化江"排行"第二，它的干流全长232千米，蜿蜒曲折。作为海岛第二大河，昌化江的风头也不小。它发源于五指山山脉北麓，又汇合了来自鹦哥岭南麓的水流，以一个"大手笔"横贯海南岛中西部，最后浩浩荡荡地流入南海，还"锦上添花"地在入海口冲出一个广阔的喇叭口，尽显风流。

万泉河：中国的亚马孙河

在古代，人们把万泉河称为多河。它是海南岛第三大河，虽然未能位居海南大河榜首，但有一首歌是以它命名的，那就是《万泉河水清又清》，可见人们对它的喜爱。万泉河发源于五指山，还有一支源于黎母岭，两条河汇合后，才叫万泉河，全长157千米，一路滔滔流入南海。万泉河沿岸的地貌和热带雨林景观，令人叹为观止。它还是未受污染的热带河流，被誉为中国的"亚马孙河"。

神秘的高山湖

在云雾弥漫的尖峰岭，海拔800米处的山顶，群山环抱着一座神秘的天池——尖峰岭天池，传说这是南海观音沐浴净身的圣地。这个湖有0.4平方千米，是热带雨林里面积最大的高山湖，也是一个火山口湖。湖水为碧蓝色，四季景观会随着天气变化而变幻无穷。

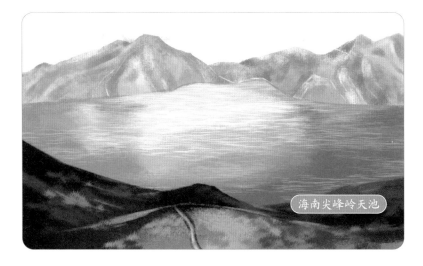

海南尖峰岭天池

尖峰岭南天池是怎么形成的呢？火山喷发后，会进入休眠，或不再喷发。火山口会形成塌陷盆地，火山物质堵塞了火山通道，因此，充沛的雨水就慢慢地越积越多，最终形成了湖泊。我国的长白山天池，也是这样形成的火山口湖。

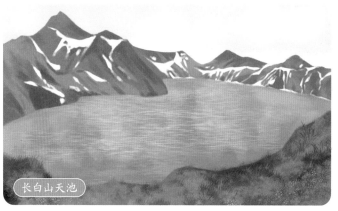

长白山天池

热带气候
一边阳光一边雨

如果你来到热带雨林

在海南热带雨林国家公园，你最大的感觉可能就是热了。雨林自然离不开雨，你还能随时遭遇一场不约而至的雨，雨也是温乎乎的，你甚至能在阳光普照中感受雨丝霏霏。在这里，你感觉不到一年四季的明显区别，冬天压根见不到飘飞的雪花。

充足的阳光和雨水

公园处于热带北缘，属于热带海洋季风气候。太阳特别爱光顾这里，日照时间特别长，会释放出特别强大的能量。虽然如此，因为海南岛四面环海，海洋的水汽能调节温度，所以，岛上的年平均气温在 22℃～27℃。公园的年平均降雨量在 2000 毫米以上，这可不是个小数字，像"江南水乡"苏州的年平均降雨量也只有 1000 多毫米。

仙境一样的热带云雾林

还记得热带云雾林吗？那里经常云雾缭绕，你知道这是怎么形成的吗？原来，围绕海南岛的海洋随风送来水汽，水汽沿着山体上升，随着海拔升高，温度逐渐地降低，最终形成了云雾。这种独特的气候，孕育出了许多珍稀的动植物。

同一公园，不同气候

海南热带雨林国家公园分为五指山、鹦哥岭、尖峰岭、霸王岭、吊罗山、黎母山、毛瑞等几大区域。虽然气候都受到热带海洋季风的影响，但由于几个区域所在的位置不同，受到的影响也不同。

鹦哥岭位于冷空气南下的滞留区，低温持续时间长，偶尔会有静水结冰、地面凝霜的现象。

霸王岭受季风影响很大，湿度也大，山上多见雾露。

黎母山光、热、水都非常丰富，冬无严寒，夏无酷暑，终年温暖湿润，是理想的"天然空调区"。

毛瑞日照时间长，冬暖夏凉，但台风、暴雨非常活跃。

美食
舌尖上的生活

五脚猪

在海南独特的生态环境下，许多特色美食应运而生。其中有一道美食叫五脚猪。当地有一种小猪，走起路来嘴巴常贴着地，从后面看就像长了五只脚，也叫五指山猪。五脚猪的肉可做白切肉，也可涮火锅。

五指山灵芝汤

五指山原始森林保留着较为原始的生态环境，易于灵芝生长。将灵芝洗净，和鸡肉一起熬制，汤鲜味美。

海南鸡饭

把鸡用小火煮熟，捞出切块，再把煮好的米饭加入鸡汤搅拌，鸡肉鲜甜，米饭吸收了鸡油，软滑香浓。20世纪初，海南鸡饭传到东南亚，成为新加坡"国菜"。

文昌鸡

将文昌鸡煮熟、白切，配上由小青橘、蒜蓉等调制的蘸料，滑嫩喷香。

东坡香糕

传说此糕点是宋朝大文豪苏轼被贬海南儋（dān）州时用米粉与花生等制作而成，后来人们又加入杏仁、核桃、瓜米、叉烧、芝麻等多种原料，酥香可口。

光村沙虫

沙虫也叫"海蚯蚓"，可清蒸、鲜炒，也可炖汤，还可晒干后食用。

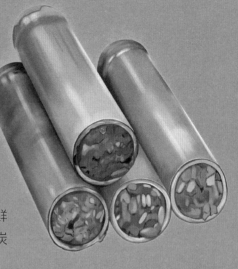

黎族竹筒饭

把猪肉和大米放入新鲜竹筒，用香蕉叶封口，在炭火上烤熟，竹香四溢。

陵水酸粉

用米浆制成粉条，加上 20 多种"豪华"配料，如沙虫干、牛肉干、鱿鱼干、花生仁、鱼饼、辣椒、蒜等，酸辣鲜甜。

黎族"肉茶"

在猪肉块中加入盐、蒜、卷心菜、米饭、葱段，放入容器发酵，之后，加木瓜等配菜就可以吃了，味酸微咸，甘香可口。也可以用鱼、盐、干饭等密封发酵，做成"鱼茶"。

黎族三色饭

将山兰糯米分别放入红蓝藤叶、黄姜和三角枫的汁液中浸泡，然后蒸熟，有红、黄、黑三种颜色，米香里带着淡淡的药香。

黎家酸菜

将黎语里一种叫作"里嫩"的野菜，冲洗调味后入坛密封，发酵成酸菜，俗称"南杀"，酸爽可口。

图腾崇拜
动植物的"晋级"

动植物图腾

蛙产卵多，能繁衍很多后代，这让古代黎族人很崇拜，他们也崇拜鸟、狗、猫、龙等，还崇拜水稻、野芭蕉、杜果树、木棉树、竹等植物。在五指山的黎族聚居地有一个传说：天神公甘把小人放在竹筒里，人长大后，竹筒裂开，人类就这样诞生了，叫作竹筒人。后世黎族人认为自己是竹的孩子。

伟大的葫芦瓜

黎族有一个创世传说，就叫《葫芦瓜》，讲述了洪水暴发，人间只剩下藏在葫芦瓜中的一男一女，他们结为夫妻，繁衍了人类。葫芦瓜保住了黎族祖先的生命，成为黎族人崇拜的图腾。

蛇是怎么成为神的

在海南热带雨林国家公园，居住着汉族、黎族、苗族等各族人民。黎族是海南岛最早的居民，过去只有语言，没有文字。原始时代，海南岛虫兽成群。由于蟒蛇一般不会伤人，还能吃掉一些蛇类，加上它体形庞大、力量惊人，黎族古人认为它有神秘的力量，便崇拜、供奉蟒蛇，把蟒蛇敬为始祖或祖先的灵魂。在神话传说中，黎族的始祖黎母就是从蛇卵中诞生的。

蛇纹　　蛙纹

钱铁洞遗址：2 万年前的家

钱铁洞遗址保留了古代黎族先民的生活痕迹。它的洞口如野兽张开的大口，洞内遗存着石核、石片、刮削器、砍砸器等，还有经过火烧的兽骨等。考古学家推测 2 万年前的旧石器时代晚期，这里就有古人类生活。

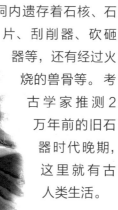

黎族织锦
棉线里的锦绣年华

纺织史上的"活化石"

黎族织锦有多神奇呢？早在春秋战国时期，黎族织锦就被载入了史书，当时叫"吉贝布"。"吉贝"是"木棉"的意思。西汉、唐朝、清朝时，黎锦属于贡品，现进入联合国教科文组织首批急需保护的非物质文化遗产名录。

四大工艺

黎族织锦有四大工艺：纺、染、织、绣。纺是纺纱，把棉花脱籽、抽纱、把纱绕成锭；染是染色，通过对植物、动物、矿物进行提炼制成燃料；织是织布，用踞（jù）织腰机进行织布；绣是刺绣，把绣法、图案、颜色完美结合。

黎锦所用的植物染料来自当地土生土长的植物。用板蓝、蓼（liǎo）蓝、山蓝等的汁液可以染蓝色；用乌墨可以染黑色；把苏木去皮后煎汁，或者把落葵的果实"胭脂豆"捣成汁液，或者把一些植物的根剁碎煮水，可染红色、紫色、红褐色；把姜黄捣烂，可染黄色。

切碎树根制作染料

踞织腰机

奇特的人形纹

黎锦的很多图纹都是人形纹，也叫祖宗纹。古时黎族人认为，人去世后，灵魂会在阴间生活，于是，他们以阴阳的人纹表现去世的祖先与在世的子孙仍有联系。也就是说，人形纹是祖先崇拜的象征。

黎族树皮衣：**树的奉献**

在麻和木棉纺织没有出现之前，黎族先民发现，楮（chǔ）树、厚皮树、"见血封喉"树等植物的树皮能制作衣服。"见血封喉"树是一种剧毒植物，用其树皮缝制成的衣物能防虫，由于树皮厚、纤维结实，还耐洗、耐穿。制作时，先要将树皮剥下，在水中浸泡，然后晒干，拍打成片，再用植物纤维制成的线缝制衣服、帽子等。

把树皮拍打成片

制成树皮衣

剥树皮

缝制树皮

苗族蜡染
高雅的蓝和白

蜡染在苗语中称"木图"。苗族历史上没有文字，蜡染的许多图案记录了苗族有关历史、图腾、民俗等信息。苗族蜡染起源于秦汉时期，古人称为蜡缬（xié）。

用蜂蜡来染

怎么制作蜡染呢？先用草木灰浸泡土布；再把蜂蜡放在碗里，碗放在热木灰上；蜂蜡受热熔化后，用蜡刀蘸蜂蜡在白布上绘画图案，再用靛蓝（蓝草浸沤成的液体）浸染布，就有了蓝底白花或白底蓝花布了。

靛蓝染色属氧化还原反应，在冷水中进行；茜草和栀子等染料要在热水中才能上色。但蜂蜡在热水中会熔化，所以，古代很难做出其他颜色的蜡染布。

蜡刀

铜鼓是苗族崇敬的神器，古代常用于祭祀，因此铜鼓就成了苗族蜡染偏爱的图案。铜鼓纹的中心还经常点缀着太阳纹，这源于远古时的太阳崇拜。苗族人认为太阳滋养万物生灵，所以以太阳为图腾。

《苗族古歌》有个神话传说：枫树叶化为蝴蝶，蝴蝶生下 12 颗蛋，生出万物，其中一颗蛋孵化出人类，里面有苗族的始祖姜央。于是，苗族人让蝴蝶"飞"到蜡染上，寄托他们对祖先的怀念和感恩。

苗族蜡染

鱼能产很多卵，是多子多孙的象征，因此，鱼纹在苗族蜡染中也很常见。旋涡纹也很常见，这种旋涡纹相传是对祖先的纪念，也象征着团结、吉祥。此外，还有喜鹊等鸟纹。

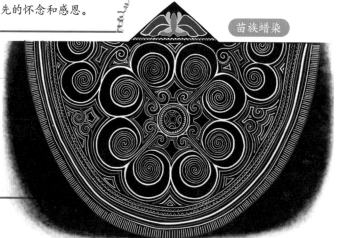

黎族、苗族歌舞

重现狩猎、耕作动作

苗族盘皇舞

你一定读过"盘古开天辟地"的神话故事，在海南苗族人的心中，盘古被尊为祖先——盘皇。古代苗族人创造了祭祀舞蹈盘皇舞。盘皇舞一般用一个手工皮鼓击打伴奏，但参与舞蹈的人非常多，能让人感觉到蓬勃的生命力和对天地的敬畏之情。今天，盘皇舞仍备受苗族同胞喜爱。完整的盘皇舞有18支，跳完一整套至少需要七天七夜。

苗族盘皇舞

苗族招龙舞

海南苗族许多舞蹈都是从"盘皇舞"演变过来的。祭祀盘皇的仪式中，有一个环节叫"招龙"，意指召唤龙神祈求吉祥。后来，"招龙舞"从盘皇舞中脱离出来独立成舞。

每逢丰收时节、新春佳节、"三月三"，苗族和黎族同胞会敲铜锣，舞起"打鹿舞""鹿回头""椰壳舞"等舞蹈，欢庆节日，重温远古时代的狩猎时光。

苗族招龙舞

黎族打柴舞

打柴舞在黎语中叫"转刹（chà）"，起源于黎族先民的丧葬活动，后来，演变成娱乐、健身活动，道具由木棍变成竹竿，又叫"竹竿舞"。蹲着的舞者要紧握竹竿，按节奏进行击打，时而上下、左右，时而分合、交叉；再有其他舞者跳入分合的竹竿间，来往跳跃，时而蹲伏。舞步有小青蛙步、大青蛙步、鹿步、筛米步、猴子步、乌鸦步等，极富感染力，被誉为"世界罕见的健美操"。

黎族打柴舞

节日
璀璨的风俗

黎族"三月三"

每年农历三月初三，火红色的木棉花迎风盛开，黎族人会聚在一起，举办盛会，表达对勤劳勇敢的祖先的怀念和对爱情幸福的向往。这个传统节日就叫"三月三"，又叫爱情节、谈爱日，黎语称"孚（fú）念孚"。

传说，黎族始祖黎母在"三月三"降生，所以，每年的这一天，黎族人就会来到黎母山上载歌载舞，欢庆祖先诞生，请求祖先赐福。

春天带来福气

海南黎族和苗族都会欢度"三月三"，他们穿上节日盛装，带着精心准备的山兰米酒、竹筒香饭和粽子，来到会合地点。之后，大家就拿出看家本领，几乎个个都是歌舞高手，有的跳竹竿舞，有的对歌，有的打叮咚，有的吹鼻箫，有的张弩（nǔ）射箭……一场豪华版视听盛宴热闹地开始了，人们共同庆贺春天带来福气。

黎族民歌对唱

叮咚是黎族古乐器。早期黎族同胞会在庄稼成熟时，用两根短木棍敲打两根粗大木棒的不同部位，发出音调不同的粗犷、雄浑之音，以吓跑破坏庄稼的野猪和其他鸟兽，这就是叮咚的由来。

古乐器叮咚

黎族牛节

每年的农历三月初八、初十，海南热带雨林国家公园的一些黎族人会专门为牛庆祝节日。早晨，各家在家门口插上绿树叶，表示不能串门，然后敲锣、击鼓、跳舞，期盼牛畜兴旺。之后，人们会修牛栏，给牛喝酒，杀鸡鸭庆祝。第二天，人们会取下门口的绿树叶，换上禾草，表示可以串门了。

黎族长桌宴

吃出大自然的韵味

独乐不如同乐

对于黎族人来说，谁家有了喜事，大家自然要同乐、一起欢宴。人一多，普通长度的桌子便坐不下，于是把长方形的桌子排成长列，所以，黎族就有了"长桌宴"。长桌宴是黎族宴席的最高形式，也是最隆重的待客礼仪，已经有几千年的历史，像"三月三"这样盛大的节日自然是少不了它的身影。长桌宴吃的不仅是饭菜，还是一种氛围，一种韵味。

长桌有多长

长桌宴的桌子到底有多长呢？其实，长桌的尺寸不是固定的，短的长桌有 10~20 米长，可供 10~20 人使用；长的足有 1000 米以上，可以坐上千人。

来自大自然的盛宴

令人惊叹的是，长桌宴上所有的东西都是原生态的。比如，长桌是用竹子制成的，酒杯、汤勺、筷子等也都是用竹子做的。长桌上铺着绿油油的芭蕉叶，芭蕉叶上盛着原汁原味的黎族特色美食，其中的鱼和蟹都是河里抓的，红藤芯是山上采的，野菜是山下摘的，光是看着就让人忍不住垂涎三尺了。

船型屋

倒扣过来的 "船"

把船倒扣在地上

你见过外形像船篷的房子吗？在海南，的确有这样的房子，它的名字叫 "船型屋"。传说黎族的祖先从大陆沿海乘着木船，历尽艰难才来到海南岛。他们看到这里没有人烟，一片荒芜，便把船翻过来，覆盖在地面上当屋子住。黎族人为了纪念祖先，就模仿船的样子建造房屋，这就是 "船型屋" 的由来。

"耷拉" 下来的屋檐

船型屋有高架船型屋与低架船型屋之分，低架船型屋是落地式，多数约14.7 米长，分前后两屋，煮饭和吃饭在一个屋子，睡觉在另一个屋子。屋顶用红、白藤条扎成拱形，像个 "人" 字，再盖上厚厚的茅草或葵叶。屋檐低矮，"耷拉" 下来，快 "落" 到地面。墙先用树枝扎成方格形，再用稻草和泥糊成，厚约 15 厘米，是纯天然环保型建筑。

茅草屋的科学

别小看船型屋，里面的学问大着呢！海南岛极为湿热，多台风、雨水，低矮的屋檐和拱形屋顶有利于抵抗台风侵袭，并让雨水顺着茅草流下，起到防潮作用，还能隔热，使屋里冬暖夏凉。船型屋拆建也很容易。所以，船型屋一直流传到今天，保存着原始的样子。

船型屋

"男柱子" "女柱子"

是不是很想参观船型屋的里面？里面和船舱很像哦！推开木板门走进去，你会看到屋中间立着 3 根大柱子，黎语叫 "戈额"，象征男人；两边有 6 根矮柱子，黎语叫 "戈定"，象征女人，代表一个家由男人和女人共同组成。

金字形茅草屋

金字形茅草屋是黎族的一种传统建筑，屋顶是两边朝下的金字木架，屋的骨架主要是竹、木，屋顶覆盖茅草，非常古朴。

金字形茅草屋

历史名人

时光长廊里的回音

苏轼

苏轼是宋朝文豪，考中进士后，曾在多地任职，后来受到冤屈，开始了一连串的贬谪生涯，晚年被贬到荒凉的海南岛儋州（今儋州市，紧邻海南热带雨林国家公园）。按照当时律法，放逐海南已是"唯欠一死"，仅比满门抄斩罪轻一等，但苏轼豁达乐观，悉心教化当地黎族人民，海南历史上第一个中举的人——姜唐佐就是苏轼的弟子。苏轼热爱这片土地，说"我本儋耳人"。迄今，海南还有很多和他有关的古迹，如东坡书院、东坡村、东坡井、东坡路、东坡桥等，甚至连方言里都有东坡话。

黄道婆

黄道婆是宋末元初人，生于贫寒之家，十二三岁时被卖去给人做童养媳，因不堪虐待而出逃，流落到海南崖州（今三亚市，紧邻海南热带雨林国家公园）。当地黎族人接纳了她，教她织造黎族织锦，后来，她改良了这项棉纺织技术，并将其带回家乡，还改进了纺织工具，把黎锦技术传遍全国。海南岛成为中国棉纺织业的发祥地，就是这位"织女星"的功劳。

丘濬

丘濬是明朝学者、政治家，被史学界誉为"有明一代文臣之宗"，也是"海南四大才子"之一。他出生在海南岛的琼山，受到祖父和父亲的影响，从小酷爱读书，能过目成诵，6岁就能作诗，稍大一点时写了一首诗《五指山》，流传甚广，后来考中进士，先后任翰林院编修、国子监祭酒、礼部尚书、文渊阁大学士、户部尚书兼武英殿大学士等职。丘濬一生清廉、善良宽容，76岁逝世。

神话传说
聆听另一种声音

五指山的传说

在海南人的心里，万泉河是他们的母亲河，而海南岛第一高山——五指山就是他们的父亲山。

相传在远古时代，天地间隔只有几丈，天上悬挂着七个太阳和七个月亮。一个黎族大力神为了帮助苦不堪言的百姓，用力把身躯向上一拱，身体就长高了一万丈，天也被拱高了一万丈。

他又用硬弓和利箭把六个太阳射了下来。当他准备射最后一个太阳时，人们纷纷求情，说万物都离不开阳光。大力神同意了，于是天空只有一个太阳。

夜里，大力神又射落了六个月亮。当他射第七个月亮时，不小心射偏了，只射下来一小片。百姓又恳求饶了这个月亮，不然夜晚就只剩下黑暗了。大力神答应了，所以月亮就有时圆有时缺了。

大力神又取下彩虹作为扁担，把地上的道路作为绳索，从南海挑来沙土为大地造出了山川。而大大小小的山丘，就是从他的大箩筐里漏出来的泥沙；山上那些茂密的森林，是他的头发化成的；山间错落的沟谷，是他用脚尖拼命地踢打高山造出来的；沟谷里流淌的河流，是他干活时流下的汗水，其中最大的一条河，就是发源于五指山而后流入大海的昌化江。

大力神看到天地间万物生灵如此美好，心里十分欣慰，但他已筋疲力尽，轰然倒了下去。临死前，他担心天再塌下来，就用手掌牢牢地托住了天，时间长了，他的手掌就化成了五指山。

黎母的传说

　　黎母山是黎族人心中的始祖山、神山，传说黎族的祖先黎母就在这里诞生。相传，远古时，海南岛还没有人类，一天，雷公到人间游玩，爱上了一座云雾缭绕的山，于是找来一颗蛇卵，藏在高山深处，让山上的五色雀照看。第二年农历三月初三这天，雷公再次经过这座山，突然一声巨响，顿时山摇地动，那颗蛇卵裂开了，走出一个美丽的姑娘。雷公为姑娘取名"黎"。山里的五色雀、梅花鹿等动物都跑来庆贺，叫她"阿黎姑娘"。

　　阿黎姑娘饿了就采野果吃，渴了就喝山泉水，困了就睡在大树上。有一天，一个英俊勇敢的小伙子渡海来到海南岛，到山中寻找沉香。他们就这样相遇了，从此就生活在一起，有了很多子孙后代。雷公派五色雀送来山兰稻种，他们就带领子孙后代一起开垦荒地，种植山兰，喝用山兰酿造的山兰酒，生活非常幸福。后来，子孙后代为了纪念始祖，尊称阿黎姑娘为"黎母"，把他们脚下的山称为"黎母山"，他们则自称"黎人"。后来，他们又在黎母山上修建黎母庙，每年于农历三月初三这天举办盛会，欢庆黎母的诞生，并祈求祖先庇佑。雷公也会在这天来到黎母山，降下一声春雷，唤醒沉睡的万物，赐福给黎人。

吊罗山的传说

很久以前，在一个山沟里，生活着一群黎族人。

他们每日辛苦劳作，生活却异常艰苦。其中有一位青年，父母早逝，练就了一身武艺，他一心想让黎族人过上幸福的生活。

村里的一位长寿老人告诉这个青年，幸福就藏在村前那座高山的顶峰上。在那座山上，住着一个叫万界的人，拥有两件绝世"宝贝"，一个是一位善良美丽的姑娘，一个就是一口宝锣，只要敲响这口锣，宝物就会被召唤而来。

勇敢的青年历尽艰险攀到了山顶。他站在云雾缭绕的峰顶，感觉自己就像来到了人间仙境。他赶紧去寻找万界。

这时，耳边传来动听美妙的歌声，他看到一位美丽的少女正在花丛中翩翩起舞。少女得知他的经历后，被他的勇气打动，愿意跟他一起同甘共苦。

万界也出现了，原来，少女是他的女儿。他对青年说，女儿和宝锣只能选一件带走。青年心想：如果自己选少女，那么只有自己一个人会得到幸福；如果选宝锣，全村人都会幸福。

于是，青年把宝锣带下了山，把锣挂在木棉树上，谁想要什么就诚心地敲锣，这样大家都过上了美好的生活。黎族人为了纪念这个无私的青年，就把这座山称为"吊锣（罗）山"。

甘工鸟

　　婀甘是一位黎族姑娘。她聪明美丽，心灵手巧，能织出各种各样、色彩斑斓的花草等图案，连蝴蝶都被吸引来"采花"；婀甘唱起山歌来，像清泉水声一样动听，飞鸟都会停下来，侧耳倾听；她跳起舞来就像可爱的旋风一样，彩云也绕着她转。东村有一个年轻的猎手，名叫拜和。拜和勤劳勇敢，射箭百发百中。婀甘和拜和互相倾慕，在槟榔树下立了山盟海誓。

　　恶霸峒（dòng）主听说后，把拜和打成重伤，把婀甘强抢回家，让婀甘做自己的儿媳。婀甘坚决不答应，把身上戴的银首饰制成一对翅膀，插在肩上，变成了一只自由的鸟……

　　有一天傍晚，拜和正在槟榔树下思念婀甘，忽见一只鸟飞过来，和他说话。他顿时明白了，这只鸟就是婀甘。于是，他也化身为鸟，和婀甘一起飞向天空。

　　此后，人们经常会看到两只美丽的鸟在自由地飞翔，还"甘工甘工"地唱着歌。人们称它们"甘工鸟"，在黎语中就是吉祥鸟、爱情鸟的意思。

图书在版编目（CIP）数据

你好，国家公园 . 海南热带雨林国家公园 / 文小通
著；中采绘画绘 . —— 北京：光明日报出版社，2023.5
ISBN 978-7-5194-7128-6

Ⅰ . ①你… Ⅱ . ①文… ②中… Ⅲ . ①热带雨林 – 国
家公园 – 海南 – 儿童读物 Ⅳ . ① S759.992-49

中国国家版本馆 CIP 数据核字 (2023) 第 071646 号

你好，

国家公园

武夷山国家公园

文小通 著　　中采绘画 绘

光明日报出版社

走进国家公园

　　国家公园（National Park）是指由国家批准设立主导管理，边界清晰，以保护具有国家代表性的大面积自然生态系统为主要目的，实现自然资源科学保护和合理利用的特定陆地或海洋区域。

　　世界自然保护联盟则将其定义为：大面积自然或近自然区域，用以保护大尺度生态过程，以及这一区域的物种和生态系统特征；提供与其环境和文化相容的精神的、科学的、教育和游憩的机会。

　　走进国家公园的"走进"一词，与一般的行走与进入不可相提并论，它威严、慈爱而神圣，它让人有进入别一种世界的感觉，它是在回答"你从哪里来"的所在，它是我们所有人难得的寻根之旅。它内涵有庄重的仪式感——仰观俯察，上穷碧落宇宙苍茫，敬畏天地之心顷刻油然而生；虎啸豹吼，震动山林草木凛然，生命之广大美丽能不让人境界大开？当可可西里的湖泊，宁静而悠闲地等候着藏羚羊前来饮水，当藏羚羊自恋地看着湖水中自己的倒影，会想起诗人说："等待是美好的。"这些藏羚羊，它们在奔跑中生存、生子，延续自己的种族，它们寻找着荒野上稀少的草，却挤出奶来；对于生存和生命的观念，它们和人类大异其趣，孰优孰劣？可可西里不语，藏羚羊不语，野湖荒草不语。人有愧疚乎？人有所思矣：对人类文明贡献最大的是水与植物，"水善下之，利万物而不争"，植物永远是沉默的，开花也沉默，结实也沉默，被刀斧霸凌砍伐也沉默。它默默地组成一个自然生态群落的框架，簇拥着高举在武夷山上，为人类的生存发展，拥抱着、守望着所有的生物——从断木苔藓到泰然爬行的穿山甲，到躲在树叶背后自由鸣唱的各种小鸟，其羽毛有各种异彩，其声音极富美妙旋律，这里是天籁之声的集合地，天上人间是也。

　　亲爱的孩子，你要轻轻地轻轻地走路，万勿惊扰了山的梦、树的梦、草的梦、花的梦、大熊猫的梦……你甚至可以想象：它们——国家公园的梦是什么样？

徐　刚

毕业于北京大学中文系，诗人，作家，当代自然文学写作创始人，获首届徐迟报告文学奖、冰心文学奖（海外）、郭沫若散文奖、报告文学终身成就奖、鲁迅文学奖、人民文学奖等

目录

武夷山国家公园

蛇的王国、昆虫世界、鸟的天堂

世界生物模式标本的产地

横跨江西、福建两省

研究亚洲两栖、爬行动物的钥匙

总面积 1280 平方千米
相对海拔最高达 1700 米

高等植物 2799 种

有近千年古树，如 880 年
"高龄"的桂树、980 年
"高龄"的南方红豆杉

高等水生植物 139 种

藻类 239 种

真菌 503 种

野生脊椎动物 558 种

地衣 100 种

中国特有野生动物 74 种

蛇种 58 种，占全国种数
的 27.75%

浮游动物 67 种

鱼类 104 种

昆虫 6849 种，约占中国昆虫
种数的 1/5

人口包括汉族、回族、
畲（shē）族、高山族等

呔，站住！此山是我住，此溪是我家，要想从此过，先要问候我！哈哈哈，不要害怕，我就是武夷山国家公园的"代言人"之一崇安髭（zī）蟾！虽然我长着尖刺"胡子"，模样怪了点儿，但我真的很温柔。这不，我一听说你们来了，立刻自告奋勇来当导游了。快跟上，可爱的小伙伴们！

崇安髭蟾

长"胡子"的角怪

物种身份证

姓名：崇安髭蟾
别名：角怪、坑鹅、峨眉髭蟾等
纲：两栖纲
目：无尾目
科：角蟾科
现状：无危

低调的森林"捕手"

崇安髭蟾是武夷山的"土著"，行动隐秘，总是昼伏夜出，白天藏身在小溪流附近的草丛、灌木里，晚上才溜出来抓捕蝗虫、蟋蟀、金龟子等。

奇怪的长相

崇安髭蟾的长相很怪异，脑袋又扁又平，肚皮上布满白色小颗粒，背上还有网状的棱。雄性的嘴唇上长着锥状刺，像牛角一样，可以用来护卫领地、参与搏斗。等到繁殖期时，会有更多的"角"冒出来，排列整齐，活像一圈独特的胡子，所以，人们又叫它们"角怪""胡子蛙"。

崇安髭蟾卵　　崇安髭蟾蝌蚪

浅水中的"婴儿房"

每年 11 月，崇安髭蟾都会赶赴海拔 1000 米以上的上游，在平缓水流中繁育后代。雄性会花费很大力气寻找浅水处的石洞或石缝作为"婴儿房"，雌性则把产下的卵牢牢黏附在隐蔽的石底，防止卵被流水冲走。

雌性崇安髭蟾能产 260 ~ 400 枚卵，卵需要一个月左右的时间孵化成蝌蚪。蝌蚪又肥又大，隐藏在近水石缝里，以苔藓和浮萍等为食。

武夷林蛙：可爱新物种

武夷林蛙是新近才发现的新种，背上有白色条纹，看起来很优雅。

雨神角蟾："吹口哨"的家伙

雨神角蟾是角蟾科家族的一员，背上有一些颗粒和脊状突起，鸣叫时，像在吹口哨。

崇安斜鳞蛇

演技高超的"蛇演员"

物种身份证

姓名：崇安斜鳞蛇
别名：臭蛇
纲：爬行纲
目：有鳞目
科：游蛇科
现状：易危

没有毒性的"美人蛇"

武夷山是蛇的王国，崇安斜鳞蛇就生活在高山森林当中，林蛙、湍蛙等各种蛙类是它们的主食。小时候，它们的头顶是红褐色的，脖子宽大，有一些黑斑。长大后，它们"华丽变身"，身体变成黑灰色，有时还泛黄，身上分布着淡灰色的斑纹，像穿着时尚的"格子"外套。一般色彩艳丽的蛇或蛙都有毒，而崇安斜鳞蛇却是无毒的。

伪装成眼镜蛇

崇安斜鳞蛇遇到危险时会竖立起前半身，让脖子变得扁平，展开脖子处的斑纹，伪装成眼镜蛇的样子。它们还会学着眼镜蛇的样子发出"嘶嘶"声，以恐吓敌人。它们"演技"高超，很多时候都能蒙混过关。

蛇也要装死

当假冒眼镜蛇的伎俩被识破，或者敌人并不惧怕时，崇安斜鳞蛇还有妙招，那就是装死。它们有个外号叫"臭蛇"。遇到吓不退的敌人时，它们身上的臭腺会散发出浓烈的臭味，配合它们吐舌头、翻肚皮等"表演"，让敌人以为它们死了，于是放弃，绕道离开"臭蛇"。

崇安斜鳞蛇真是好演员。

生存所迫啊。

黑斑蛙：起跳能手

黑斑蛙学名是黑斑侧褶蛙，因身体布满黑斑、身侧为褶皱皮肤而得名。黑斑蛙的游泳和跳跃能力极强，白天，它们躲在草丛或者水生植物下面，晚上出来觅食，若是遇到危险或受到惊吓，可以连续多次跳起躲避，迅速潜进水里或钻进淤泥，以迅雷不及掩耳之势消失。

崇安地蜥

会"隐身"的绿蜥蜴

物种身份证

姓名：崇安地蜥
别名：崇安草蜥
纲：爬行纲
目：有鳞目
科：蜥蜴科
现状：易危

鳞片帮助"隐身"

崇安地蜥是在福建省崇安发现的，所以叫崇安地蜥。它们在武夷山茂密的原始森林中"深居简出"，平时捕食蝗虫、蜘蛛等昆虫。它们通体覆盖着绿色鳞片。和其他蜥蜴不同，它们的鳞片不是甲片状，而是一粒一粒的。当它们在灌木草丛中往来时，绿色能让它们和周围环境融为一体。

我们应该是亲戚吧？

听我爷爷的爷爷的爷爷的爷爷的……爷爷说，我们是远亲。

壁虎

断尾的崇安地蜥

断尾求生

和壁虎一样，崇安地蜥动作迅速，即使遇到天敌也不用怕，因为它们有一条细细的尾巴，长度约是身体的3倍，可以让它们"断尾求生"。折断的尾巴剧烈扭动，能分散天敌的注意力，从而使崇安地蜥借此逃之夭夭。

爱子心切

雌性崇安地蜥一生会多次产卵，每次2~4枚。在产卵前一天，它们甚至拒绝进餐，把注意力都集中在还没出生的宝宝身上。

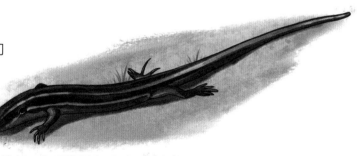

蓝尾石龙子：吃萤火虫的蜥蜴

蓝尾石龙子也是一种蜥蜴。你瞧这只蓝尾石龙子，五条金线从它的脑袋上一直延伸到身后，漂亮的蓝尾巴也长长地拖在身后，这些说明它还是个宝宝，只有等金线和尾巴的蓝色都消失后，它才算"长大成人"。平时，它们就住在山林或石块下，捕食蝗虫、萤火虫、瓢虫等。

中国大鲵

不是鱼的"娃娃鱼"

为什么叫"娃娃鱼"

在距今约 1.64 亿年前的侏罗纪时代，中国大鲵就生存在地球上了。由于它们发出的声音很像婴儿呢喃，还长着婴儿小手一般的四只脚，人们便给它们起了个昵称——娃娃鱼。实际上，中国大鲵是世界上最大的一种两栖类生物，寿命一般可达 50～60 年，接近于人类。

神奇的皮肤

中国大鲵的皮肤上有很多小疣（yóu）粒，身体两边是褶皱皮肤，能帮助它们呼吸。皮肤还能分泌出花椒味的白色黏液，黏液非常滑，让敌人捉不住它们。

善于埋伏、用计

中国大鲵能生活在淡水中，也能在岸上散步，一般在夜晚觅食。中国大鲵发现石蟹两只大螯（áo）钳住东西后，轻易不会松开，于是，把自己带有腥味分泌物的尾巴尖伸到石缝里，等石蟹用螯夹住尾巴时，快速抽出尾巴，带出石蟹。

爸爸的守护

雌性大鲵产卵后，400～1500 枚卵连起来有几米甚至几十米长，就像一条飘带。产卵后，大鲵妈妈会离开，大鲵爸爸守在周围，或者把"卵带"缠在身上，一直守护至一个多月后大鲵宝宝孵化出来。

中国大鲵小时候长得像蝌蚪，脖子两边有三根树枝一样的鳃。等它们长大后，有了肺，鳃才会消失。

中华鳖：乌龟的亲戚

中华鳖（biē）又叫甲鱼、团鱼等，能活 60 多年。中华鳖长出了奇特的管状长鼻子和长嘴，看起来十分怪异。它们能自由游泳，有时也会上岸看风景。冬天，它们会窝在"家"里冬眠。腐臭的鱼虾是它们钟爱的"美味"。由于它们胆小，不敢乱跑，偶尔也会吃一些水草。中华鳖产卵后，会把卵保护在干燥温暖的孵化坑里，坑上还有压平的土作为伪装，免得蛇、鼠、蚂蚁等前来伤害。

短尾猴

戴"红面具"的武夷猕猴

物种身份证

姓名：短尾猴
别名：断尾猴、红脸猴等
纲：哺乳纲
目：灵长目
科：猴科
现状：易危

断尾猴，红面具

　　武夷山的短尾猴也被爱称为"武夷猕猴"。它们有一个别名——断尾猴。如果你问它们的尾巴是怎么断的，那你就误会了，它们的尾巴并没有断！它们只是尾巴短而已。短尾只有自己身长的1/10左右，极易被身上的毛毛遮住，看起来就像断了。短尾猴脸上的"红面具"十分引人注目。短尾猴小时候，脸为肉红色，随着年龄增长，脸上长出了红色的斑点。等到成年时，红色斑点更加鲜艳。到了老年，渐渐变成紫红色甚至黑红色，看上去特别显眼。

树上的王国

　　短尾猴喜欢群居，在树上睡觉、打闹、觅食……你看过"猴子捞月"的故事吧？武夷山幼猴就常常四五只吊成一串，当然它们不是"捞月"，而是顽皮地翻腾跳跃，在玩耍的同时，也锻炼了攀爬的技能。成年短尾猴能够在大树顶端来回跳跃。凭借这项技能，它们摘野果、摘嫩叶、采野菜都轻轻松松。蚯蚓、蚂蚁甚至青蛙和小鸟等小型动物，也是短尾猴的盘中餐。它们捕猎成功之后，常常把食物吃下去储存在脸两边的颊囊里，回到树上后再"翻"出来，慢悠悠地咀嚼享用。

"晒娃"的猴爸爸

一个猴群就是一个大家庭、一个小社会，一般有一只雄猴、多只雌猴。雌猴经常抱着幼猴一起晒太阳、梳理毛发。雄猴作为大家长、猴群的领袖，拥有绝对的权威，但也会对孩子们展示自己的爱。雄猴会学着雌猴的样子，把没满周岁的幼猴抱在怀里，给幼猴梳理毛发。有时候，雄猴甚至会抱着幼猴找其他猴子聊天，四处"晒娃"。

肩负重任的"哨兵"

猴群几乎每日都是集体行动，为保证安全，能放心玩耍和觅食，它们会安排一个"哨兵"放哨。这位责任重大的"哨兵"攀爬本领超群，会自觉爬到高处，观察四周的动静，一旦发现异常，会立刻发出信号通知猴群。这个时候，短尾猴们就会发挥各自高超的攀岩越壁的本领，瞬间消失，让入侵者扑空。

猴王争霸

学校有校长，班级有班长，短尾猴的猴群也有猴王。猴王每隔几年还要"竞选"一次！在猴群中，猴王有一个独有的权力，那就是高高翘起尾巴。因此，竞争猴王之位时，其他雄猴会向老猴王高高地翘起尾巴，正式宣战。这种行为是老猴王不能容忍的，于是，一场激烈的争斗就会随之展开。这种争斗中，只能有一个胜利者，如果挑战者获胜，就能晋升为新一代猴王，如果老猴王打败了所有挑战者，也可以连任。

猴王的争夺战非常残酷。老猴王如果争霸失败，会被整个猴群驱逐，成为一只孤独的"流浪猴"。

13

猪獾
长着一个猪鼻子

物种身份证
姓名：猪獾（huān）
别名：沙獾、山獾等
纲：哺乳纲
目：食肉目
科：鼬科
现状：近危

一道白色条纹

猪獾又叫山獾，鼻子长得像猪嘴，所以被称为"猪獾"。猪獾长得很粗壮，眼睛小，耳朵小，尾巴短。但它们有一处很"耀眼"——一道白色条纹从鼻头一直延伸到脖颈，看起来很"酷"。

夜行的猎手

猪獾是一种夜行性动物，虽然视力差点儿，但嗅觉灵敏，只要它们用鼻子拱掘土壤，就能找到蚯蚓、昆虫，偶尔也会捕捉小鸟、田鼠等。天然的岩石裂缝和树洞都能成为猪獾的家。如果找不到天然的房子，它们就会挖洞。有的洞穴向下垂直的部分有1米深，有的甚至有8~9米深。洞穴的"卧室"中铺着干草，非常舒适。有些猪獾会抢占其他动物的家。通常在每年10月下旬，猪獾就要开始冬眠了。

凶猛的武士

如果遇到敌人，凶猛的猪獾就会把前半身放低，发出凶残的吼声。当敌人近身进攻时，它们会挺立起前半身，像武士一样，用尖牙利爪和敌人对阵，把敌人打得落花流水。

中华穿山甲："不好惹"的角色

中华穿山甲是哺乳动物，性格孤僻，从头到尾都披着盔甲一样的鳞片，看起来很"不好惹"，其实它们很胆小、害羞，视觉也退化了，会在夜晚依靠灵敏的嗅觉寻觅白蚁、蜜蜂等昆虫吃。如果遇到危险，它们就把自己缩成一个球，用鳞片保护自己，"气"走天敌。

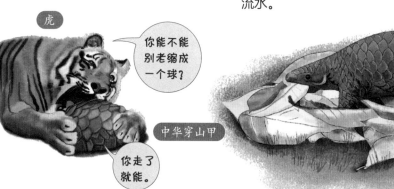

虎

你能不能别老缩成一个球？

中华穿山甲

你走了就能。

觅食时，中华穿山甲会用长长的爪子挠破蚁巢，然后用细长的、黏黏的舌头像勺子一样，把白蚁"舀"进嘴里。它们还会闭合鼻孔、耳朵，用厚眼帘遮住眼睛，让自己免受白蚁的啃咬攻击。它们没有牙齿，就把小石子吞进胃里，帮助磨碎食物。

黑麂
发型奇特的"蓬头鹿"

为什么叫蓬头鹿

黑麂往来于海拔 1000 米左右的密林里，是中国独有的物种，体长 1 米左右，身上的毛会随季节变色，但整体上以黑褐色为主。它们的额头两角旁的毛很长，像蓬松散乱的头发一样，把角遮起来，因此，它们也叫蓬头鹿。它们尾巴上的白色尾毛十分醒目。

聪明的胆小·鬼

杜鹃、爬岩红、伞菌等近百种植物都是黑麂热爱的美食。有时候，它们也会"荤素搭配"，尝一尝肉味。黑麂胆子很小，总在熟悉的地方觅食，还养成了边走边吃、随时准备逃命的习性。如果是在陡峭的地方，黑麂会开辟一条固定的路线，踩踏出一条 16～20 厘米宽的狭窄小道，但在平坦的地方，它们就没有固定路线，以免被天敌跟踪、捕捉。

毛色随季节变化的黑麂

赤麂

赤麂：**被自己吓得惊恐万分**

赤麂遇到危险时，会发出狗一样的吠声，因此，人们又叫它"吠鹿"。赤麂常常因为慌乱逃命而弄伤自己。有时候，它们甚至会被自己吓得无法继续逃跑。它们非常善于躲藏，能低头翘臀在灌木丛里飞快移动。

毛冠鹿：**戴"三角帽"的青鹿**

毛冠鹿又叫青鹿，浑身黑毛。雌性无角，雄性的鹿角极短，额头中央的黑毛像小小的三角帽，所以，人们称它们为毛冠鹿。毛冠鹿性情机警、灵活，但在逃跑时总是翘起尾巴，使内侧的白毛像展开的白旗，容易被追捕者发现，反倒无法逃脱了。

鬣羚

长相奇怪的"四不像"

物种身份证

姓名：鬣（liè）羚
别名：苏门羚、四不像、天马等
纲：哺乳纲
目：偶蹄目
科：牛科
现状：易危

传说中的"神兽"

你知道这个传说吗？姜子牙有一匹神兽，长有四种动物的特征，叫"四不像"。这种动物在现实中是否存在呢？如果你见到了鬣羚，也许就觉得它们和传说中的"四不像"很像了，因为它们的耳朵像驴，角像鹿，蹄像牛，脸又像羊，再仔细看看，又跟哪一个都不太像，真是名副其实的"四不像"。

有趣的是，鬣羚、驯鹿、驼鹿、麋鹿这四种动物都有"四不像"之称。

松萝

飞岩走壁的精灵

鬣羚会在森林边缘、沟谷中觅食。青草、嫩叶、果实、菌类、松萝都在它们的菜单上。为躲避天敌，鬣羚会在陡峭的崖岩上避风、睡觉、躲藏。它们四肢有力，每只蹄子都像吸盘一样，能牢牢"吸"住脚下的岩石，这让它们能够在悬崖上健步如飞。它们还懂得调整身体的重心，就算在悬崖上跳来跳去，也能平稳落地。因此，当追着鬣羚的很多天敌看到它们跑到峭壁时，也只能望崖兴叹。

退敌的绝招

鬣羚也很能打！它们会高高扬起前蹄，狠狠地敲击岩石或在自己肚皮上敲打，用这种响彻山谷的声音吓跑天敌。有些天敌不会被吓跑，鬣羚则勇猛地用角冲锋，借助速度和不小的体形对敌人发起撞击。很多不够强壮或不够机灵的猎食者，就会被这种冲锋撞到悬崖下。

黄喉貂：凶猛的小家伙

黄喉貂的胸部有明显的黄橙色喉斑，它们的大小如一只小狐狸。它们行动敏捷，能爬树、攀岩，很少落入陷阱。它们有时还会伏在树上，无声地观察地面的动静。黄喉貂经常围捕比它们大很多的小麂、林麝、斑羚，甚至小野猪。有时候，也敢挑战大型食草动物。它们追赶猎物时，还能一边跑一边长距离跳跃，迅猛得令人惊讶。

黄腹角雉
鸟中"大熊猫"

物种身份证

姓名：黄腹角雉
别名：角鸡、吐绶鸡、
　　　寿鸡等
纲：鸟纲
目：鸡形目
科：雉科
现状：易危

雄性黄腹角雉

天生有绶带的"贵族"

　　只有在中国，你才能看到黄腹角雉这种"贵族"鸟。物以稀为贵，它们的全球数量仅存 4000 余只，堪称鸟中"大熊猫"。雌鸟浑身棕褐色，上体布满黑棕色小斑点，有些其貌不扬，但雄鸟一身华丽，胸前长着翠蓝和朱红相间的肉裙，颜色鲜艳，就像人类贵族所佩戴的绶带，当肉裙膨胀下垂，其图案还像一个"寿"字，因此，人们又把它们称为寿鸡。

四季食谱

　　白天，黄腹角雉会优雅地觅食、散步；晚上，栖息于树上。它们有对应的四季食谱。如春季是蕨、山茶、映山红等；夏季和秋季会添上草莓、山合欢等；冬季就多吃坚果和种子了。

雌性黄腹角雉

尴尬的逃生办法

　　黄腹角雉体形粗壮，很难飞起来，胆子又小，遇到危险就紧急躲藏。有时，实在跑不掉，它们会激发"潜能"，逼迫自己张开翅膀飞走。有的时候则选择"埋头不见"，一头扎进旁边的草丛里。它们认为自己看不见天敌，天敌也就看不见它们了，因此人们又叫它们"呆鸡"！

白颈长尾雉：机警的鸡

　　白颈长尾雉是一种近危物种，大型鸡类。雄鸟有标志性的白色脖子和长尾巴，身体毛色多彩，鲜艳好看。它们胆小谨慎，会选择植被茂密、地形复杂的崎岖山地和山谷活动，并很少发出叫声，生怕引起注意，因此难以见到。

白颈长尾雉

白鹇

李白喜爱的鸟

物种身份证

姓名：白鹇（xián）
别名：银鸡、越鸟等
纲：鸟纲
目：鸡形目
科：雉科
现状：无危

雄鸟为什么比雌鸟漂亮

你肯定早就发现一个问题了，那就是雄鸟总是比雌鸟漂亮，白鹇也是如此。原因很简单，雄鸟要用鲜亮的色彩和夸张的特征吸引雌鸟，以繁衍后代。也以此威慑天敌，保护自己和雌鸟。

负责任的雄鸟

白鹇属于大型山鸡，雄鸟能长到 1 米多长。白鹇是群居鸟类，鸟群里还会严格地分出等级。平时，领头雄鸟会安排好鸟群的行动路线、范围和地点，承担鸟群的安保工作，俨然是一位负责任的"大家长"。白鹇喜欢吃百香果、芭蕉芋等植物的幼芽嫩叶、浆果种子等，也会吃蚯蚓、蜗牛和蚂蚁等昆虫。

在同一根树枝上睡觉

白鹇胆小、安静，走路时偶尔发出踩踏的"沙沙"声。只有在受到惊吓时，才会扑棱着翅膀快速奔跑。夜晚，领头的雄鸟会飞到一边观望、警戒，等确定安全后，才让雌鸟带着幼鸟上树。它会指挥自己的小"团队"都在同一根树枝上睡觉。白鹇们靠拢在一起，排成一条直线，直到第二天早上才飞下枝头。除此以外，白鹇很少起飞。

雌性白鹇　雄性白鹇

官服上的图案

白鹇一身白羽，高雅纯洁，虽然叫声沙哑，却不妨碍古人称之为"哑瑞"，象征吉祥。诗人李白曾写下"白鹇白如锦，白雪耻容颜"的诗句赞美白鹇。明清两朝把白鹇作为五品文官的标志绣在补子上。

我和李白的共同点就是——喜欢白鹇！

挂墩鸦雀
圆滚滚的小家伙

短尾"小·毛球"

挂墩鸦雀又叫短尾鸦雀，是一种十分罕见的小鸟，身长也就 10 厘米左右，有的甚至比麻雀还小，身体圆滚滚的。挂墩鸦雀的小喙下方，长着一片黑色的"胡子"。挂墩鸦雀和麻雀一样好热闹，每天成群结队地"混"在一起。它们活泼、好动，动作敏捷，总是在大树和灌木丛之间跳来跳去。

挂墩鸦雀异常珍贵，为中国"三有"（有重要生态价值、科学价值、社会价值）鸟类。由于原始标本位于福建的挂墩，因此，名字中有"挂墩"二字。

团结友爱的小·伙伴

挂墩鸦雀十分团结、友爱，只要有一个小伙伴发现了天敌，就会飞到树顶上呜呜地叫个不停，第一时间把消息告知大家，让大家赶紧离开。如果有小伙伴发现了好吃的昆虫或者果实，也会招呼大家一起开饭。

红嘴蓝鹊：凶悍的"口技专家"

红嘴蓝鹊是大型鸦类，体长可达 50 多厘米，能发出不同的嘈杂叫声和哨声，好像口技专家。红嘴蓝鹊长得漂亮，性格凶悍，就像"敢死队员"，有时会一起围攻猛禽，或者入侵其他鸟类的鸟巢，叼走雏鸟和鸟蛋。

白腿小隼

凶猛的"熊猫鸟"

物种身份证

姓名：白腿小隼（sǔn）
别名：熊猫鸟
纲：鸟纲
目：隼形目
科：隼科
现状：无危

可爱的"黑眼圈"

白腿小隼跟一只麻雀差不多大小，眼睛周围有可爱的"黑眼圈"，和憨态可掬的大熊猫十分相像，人们因此叫它们"熊猫鸟"。白腿小隼虽小，却能猎杀比它们大好几倍的猎物，号称"世界上最小的猛禽"。无论是抢占地盘，还是狩猎、巡视，那些大型"亲戚"们会做的事，白腿小隼一样不差，都能胜任。它们喜欢在天空盘旋，伺机俯冲而下，捕捉松鼠、小型鸟、蛇等小动物。但对待家人，却十分友爱。一只白腿小隼一般一生只有一位伴侣，相亲相爱，长相厮守。

伯劳：传说中的屠夫鸟

伯劳是掠食性鸟类，鼠类、昆虫甚至其他鸟类都不是它们的对手。伯劳会把猎物挂在树枝上撕碎，做成"肉串"，然后慢慢品尝，因此又被称为屠夫鸟。不过，面对白腿小隼时，伯劳也可能会沦为对方的盘中餐。

伯劳

草鸮："会飞的猫"

草鸮（xiāo）是一种夜行猛禽，面如猴脸，喙如苍鹰，喜欢吃鼠，因此被称为"猴面鹰""会飞的猫"。草鸮脑袋可以270度旋转，轻松扭到背后！它们的耳孔周围有耳羽，能帮助它们在黑夜里分辨声响，并进行定位。

草鸮

斑头鸺鹠：会发出"狗叫"声

斑头鸺鹠（xiūliú）体长20～26厘米，是鸱（chī）鸮科的小型鸮类，是鸺鹠中个体最大者，一般是白天活动，它们能发出一种似狗叫的双哨音。

工作人员救治斑头鸺鹠

金斑喙凤蝶

甚至比大熊猫还要珍稀

物种身份证
姓名：金斑喙凤蝶
别名：梦幻蝴蝶、蝶
中皇后、贵妇人等
纲：昆虫纲
目：鳞翅目
科：凤蝶科
现状：数据缺乏

最稀有的蝴蝶

如果说金斑喙凤蝶有"国蝶"和"蝶之骄子"之称，你一定很吃惊吧？但事实就是如此。金斑喙凤蝶是我国最稀有的蝴蝶，在野外甚至比大熊猫还要珍稀。这是因为它们只光顾武夷山等少数高山密林。

华丽的"贵妇人"

金斑喙凤蝶体形较大，身长一般 30 毫米左右。它们的翅膀如梦如幻，尤其是雄蝶，浑身金绿色，在阳光下反射着光芒，翅膀上的鳞粉也发出幽幽的绿光，白、黑、金三色斑块在尾端对称分布，让它们显得高贵而华丽，所以它们又有"贵妇人""蝶中皇后"之称。

隐秘的行踪

金斑喙凤蝶很少飞到人类常生活的低海拔地带，人们很难发现它们。即使到低海拔地带觅食饮水，都是速战速决，很少停留。有时，它们会到地面吸食杜鹃花的花蜜，但转瞬就会冲上天空，返回高处的家园。

金斑喙凤蝶容颜美丽，为世界八大名贵蝴蝶之首，这让它们被偷猎者疯狂盗捕。

枯叶蛱蝶：伪装成枯叶

枯叶蛱蝶是蛱（jiá）蝶科大型蝴蝶，翅膀看起来像干枯的叶子。依靠这种拟态伪装方式，枯叶蛱蝶能从鸟类、蚂蚁、蜘蛛、黄蜂等天敌手下逃生。

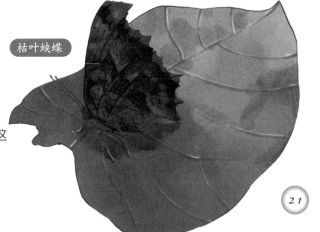

枯叶蛱蝶

尖板曦箭蜓

蜻蜓中的"战斗机"

物种身份证

姓名： 尖板曦箭蜓
别名： 扭尾曦春蜓、曲尾春蜓等
纲： 昆虫纲
目： 蜻蜓目
科： 箭蜓科
现状： 数据缺乏

"大号"蜻蜓

尖板曦箭蜓又叫曲尾春蜓，与其他蜻蜓相比，它们堪称大个子，不过，由于脑袋和复眼很大，让它们显得有些呆头呆脑。尖板曦箭蜓在水面或水生植物上产卵，幼虫孵化之后，就在水里游荡，捕食水里的微生物和浮游生物。成年之后，它们会扇动翅膀，化身"战斗机"，在空中寻找捕猎目标——苍蝇、蚊子、叶蝉以及小型的蝴蝶、飞蛾。

蜉蝣：最古老的有翅昆虫

蜉蝣的历史至少有两亿年，是最原始的有翅膀的昆虫。传说蜉蝣"朝生暮死"，这是因为羽化后的成虫一般只能生存几小时至几天。成虫在"婚飞"繁衍后，产卵在水中，就会死去。

蜉蝣

硕华盲蛇蛉：神气的蜻蜓

世界上最大的蛇蛉目昆虫就是硕华盲蛇蛉。武夷山科考中发现的一只硕华盲蛇蛉身长22毫米，拥有展开后宽达45毫米的翅膀，这对于昆虫来说是十分惊人的。

硕华盲蛇蛉

蛉包括脉翅目、蛇蛉目、广翅目昆虫。蛇蛉目的蛉受惊后，会像蛇一样竖起上半身，所以叫蛇蛉。蛇蛉中，有一种蛉只有复眼，没有单眼，被称为盲蛇蛉。

2022年，武夷山国家公园又发现了一批新物种，包括武夷山诺襀等，丰富了武夷山的物种纪录。

武夷山诺襀

拉步甲

颜色奇幻的甲虫

拉步甲

神奇的"金属"甲

拉步甲是一种三四厘米长的甲虫，又称艳步甲。别看它们小，走路却飞快，一身艳丽的甲壳闪烁着金属的光泽，每只拉步甲的甲壳都有不同的颜色，甚至是渐变色……

成年拉步甲可以通过腺体，向天敌释放蚁酸、苯醌（kūn）等刺激性很强的物质，从而击退天敌。

拉步甲是完全变态类昆虫，一生会经历四个不同的形态：卵、幼虫、蛹、成虫。幼虫一般会在 3～4 厘米深的泥土里化蛹，化蛹后 8 天左右，就羽化为成虫。

阳彩臂金龟：被误以为灭绝的甲虫

阳彩臂金龟是中国独有的昆虫，在 1982 年的时候被宣布已经灭绝。令人欣喜的是，近几年阳彩臂金龟的身影又出现了。

阳彩臂金龟

硕步甲

硕步甲：
昆虫中的"猎豹"

硕步甲是鞘翅目步甲科昆虫，走路如竞走健将，所以叫硕步甲。夜晚，硕步甲会化身为昆虫中的"猎豹"，四处狩猎。

戴叉犀金龟：甲虫里的"特种兵"

戴叉犀金龟有头角，遇到天敌时，会用头角进行刺、挑，勇猛地攻击敌人，就像特种兵一样。幼年时，它们会吃烂木头和腐殖质。成年后，它们会咬开树皮，吸食树的汁液，啃食树干。

戴叉犀金龟

光肩星天牛：树的天敌

光肩星天牛是鞘翅目天牛科甲壳虫。有两根纤长的、黑白相间的触须，挥舞起来特别威风。它们能把整个树干掏空，让大树风折或直接枯死。

光肩星天牛

水杉
白垩纪的遗存

古老的孑遗

水杉的家族历史可以追溯到 1 亿多年前的白垩纪，家族曾有 6~7 个成员，在经历过极端气候后，被认为全部灭绝。直到 1941 年人们偶然发现了这个古老树种的孑遗，它们才重新出现在世人面前，被誉为"活化石"，这对于研究古植物、古气候等有重要意义。

能在水中生长

水杉雌雄同株，不需要借助风力等外力来传播种子，这让它们有了"速生"的技能。在浅水中，它们也可以生长，这可不是一般树能有的本事。水杉是一种乔木，能长到 35 米的高度。在它们的树干底部，长有名叫"膝根"的变态根，又叫"膝状呼吸根"，是一种气根。当水杉的根部有很多淤泥或者积水时，它们因为缺少氧气而难以呼吸，就会通过细胞分裂冒出地面，形成奇形怪状的气根，以帮助自己呼吸。

变态根包括多种，如萝卜一样的贮藏根，甘蔗之类的气生根，菟丝子之类的寄生根，水杉之类的呼吸根。水杉的气根形状怪异，有的长得像膝盖，有的像凳子、驼峰、观音、罗汉等。

红豆杉: "植物界的大熊猫"

红豆杉又叫紫杉，已经在地球上存活了250万年左右，野生数量稀少，被称为"植物界的大熊猫"。它们的种子被假种皮包裹，假种皮变红后，假种皮里的种子就成熟了。鲜艳的颜色能吸引鸟类过来啄食。鸟吃下种子飞到远方后，排泄出种核，使红豆杉能够繁衍。种子因为进化出了坚硬的骨质外种皮，因此也不会被鸟类消化掉。

白豆杉: 红豆杉的家族兄弟

白豆杉和红豆杉同属于红豆杉科，也是第三纪子遗物种，只不过假种皮为白色。它们是一种灌木，一般有4米高。白豆杉分雌树、雄树，成长缓慢，不易成活。如果它们受到强光照射或者缺水受热，生长就会萎缩。

南方铁杉: 古老树种子遗

在武夷山国家公园有一片南方铁杉林，遮天蔽日，繁茂无比，在中国极为罕见。铁杉是第三纪遗留下来的古老树种，为松科乔木，高达50米，喜欢多雨多雾、湿气重的环境。

南方铁杉

雄花球

雌花球

物种身份证

姓名： 银杏
别名： 白果、鸭掌树、
公孙树等
纲： 银杏纲
目： 银杏目
科： 银杏科
现状： 极危

银杏
"身世"显赫的珍稀物种

中国独有的古树

　　说到银杏，你一定会觉得很普通，那你可就错了。银杏一点儿也不普通，反而身世显赫，大概在 3.45 亿年前就已存在，是古老植物的活化石。在遥远的远古时代，银杏曾遍布北半球，但现在，它们已经是一种极为珍稀的古老树种。

层层保护的种子

　　银杏为乔木，能长 40 米高，树干直径可达 4 米。也许你会好奇，"银杏"的名字从何而来？原来，人们把银杏种子称为"白果"，白色与银色相近，便称之为银杏树。白色部分是种子保护壳中的一层。银杏是裸子植物，没有果实，只有种子。种子的第一层被白色或黄色的外种皮包裹，第二层为坚硬的白色种壳，由石细胞组成，很多人认为，这就是种子，其实并不是，第三层才是真正的种子。

> 石细胞是一种厚壁细胞，梨果肉里的硬渣就是一团团石细胞。如果石细胞过多，就会使水果口感不佳。

黄白色中种皮

露出金黄色内种皮

黄色种仁

银杏的花粉

　　你知道吗？银杏也会开花！银杏雌雄异株，是植物界的"鸳鸯树"，雄树开雄球花，雌树开雌球花。雄球花很像柳树的花序，一串一串的，成熟后会生出黄色花药。每个花药有几千颗花粉粒，1 克花粉足有几千万颗花粉粒。银杏和人类一样，雄树有 XY 染色体，雌树有 XX 染色体。银杏的种子就是有性生殖的产物。雌球花受粉后，雄花花粉中的精子和雌花的卵子结合，形成胚胎。这种受精方式在裸子植物中是第一次被发现。

在母树旁成长

　　一般来说，只有 20 "岁"以上的雌银杏树，才可能产生种子。由于银杏种子和外种皮都有毒素，很多鸟都不来取食。再加上历史久远，一些吃银杏果的动物也已经消失，因此，大多数银杏种子只能就近落地，在母树附近生长。上年头的银杏树，侧枝下方会生出瘤状物，如钟乳石，因此叫树钟乳，学名是钟乳枝。这是因为树的内部组织疏松、淀粉含量高，使树枝发生了变态。

树钟乳

紫茎："没皮没脸树"

　　紫茎是山茶科灌木或小乔木，生长缓慢，在我国，被列为"渐危种"。紫茎被剥落树皮后，"身体"光滑红润，很多人叫它"没皮没脸树"。紫茎是中国特有的残遗植物，有重大科学意义，现已从壮健母树上采种，进行人工繁殖。

观光木

美如"硕人"的木兰树

观光木花

物种身份证

姓名：观光木
别名：香花木、香木楠、
宿轴木兰等
纲：双子叶植物纲
目：毛茛目
科：木兰科
现状：近危

观光木由植物学家钟观光发现，后来，植物学家陈焕镛在广西觅到观光木植株的花、果全套标本。他为了纪念钟观光，将其命名为"观光木"。钟观光是中国第一个用近代科学方法研究植物分类学的人，"马鞭草科"的"钟君木属"就是以他的名字命名，这在世界植物学史上很少见。

独一无二的观光木

如果想见识一下观光木，走遍全球也只能在中国找到它的身影。观光木属于木兰科被子植物，在侏罗纪时期就已存在。

"硕人"一样美丽优雅

观光木又叫香木兰，身为乔木，能长到 25 米高，花朵肥厚硕大，有淡淡的紫红色，令人联想到《诗经》中写的美人"硕人"。花朵芳香袭人，还可以提炼香料。

模样怪异的果实

观光木的果实呈长椭圆形，果实一般有 10~18 厘米长，"腰围"也有 7~9 厘米，堪称"大宝宝"。成熟的果实是橄榄绿色，上面有"大"字形的凹陷皮孔，背缝线是开裂的。等到果实干枯，果皮就成了深棕色，有黄色斑点。果实表面凹凸不平，像是几个小果子被捏在了一起。

观光木果实

观光木的果实中是种子，种子有红色的假种皮，为椭圆形或三角状倒卵圆形。剥掉假种皮后的纯净种子为棕黑色。

剖开的种子

观光木的果实里还有 5～12 个心皮，每个心皮包裹着 1～12 粒种子。但 50 千克的观光木果，大约只能产出 1.75 千克的纯净种子。

野外更新困难

观光木喜欢温暖湿润、水分充沛的气候，因此，在武夷山国家公园的溪谷、河流旁或森林边缘，能看到观光木。观光木的种子不易成活，花和果实往往在没成熟的时候就掉落了。因此，观光木非常稀少。

银钟花果实

银钟花：稀有的物种

银钟花是安息香科乔木，别名假杨桃、山杨桃等，一般生长在阔叶林中。它们在春天开出清香的白花，秋天结出小钟一样的果实，种子有休眠期，隔一年才能发芽，致使它们十分稀有。

吊钟花
挂在树上的"钟"

物种身份证

姓名： 吊钟花
别名： 铃儿花、山连召等
纲： 双子叶植物纲
目： 杜鹃花目
科： 杜鹃花科
现状： 无危

吊起来的小·钟

　　吊钟花是一种灌木或小乔木，"身高"1～3米，有的能长到10米左右。花朵像一个个吊起来的小钟，也像垂着的小铃铛，白里透红、半透明的花冠晶莹欲滴，掩映在革质绿叶间，玲珑可爱。它们有些"贪凉怕热"。10～15℃的微凉气候最能让它们感觉舒适。夏天，气温超过30℃时，吊钟花便难以忍受，会进入半休眠状态，一直等到气温降低了，它们才会"觉醒"，迅速生长。

　　吊钟花的花朵生在枝顶，古人便赋予它"高中科举"的寓意，广东一带还把它作为年宵花卉。加上它仿佛喜庆的"灯笼"，一些人还把它当作"年花"互相赠送。

天女花：美如天女的花

　　天女花是木兰科小乔木，能长到10米高，也叫天女木兰。叶子和花朵会同时盛放。传说王母娘娘身边有一个吹笙的仙女，下凡到人间，发现缺少奇花异草，便把天庭瑶池的木兰移到人间。王母娘娘知道后，便罚笙女去银河浣纱，纱不尽，水不平，不得返回。笙女不从，化为人间木兰树旁一块石头，天女木兰由此得名。

武夷山方竹
方形的竹子

物种身份证

姓名：武夷山方竹
别名：武夷方竹
纲：单子叶植物纲
目：禾本目
科：禾本科
现状：数据缺乏

方形的竹子

如果你攀登到武夷山海拔 1400～2500 米处的高山区，你就会看见方竹。它们的枝干看上去是圆筒形的，但摸起来是有棱有角的方形，而且，每个环节上带着一圈小刺一样的呼吸气根，令人不可思议。

竹花是一种白色絮状物，里面有白色的花丝和米粒大小的"竹米"。竹花初期色淡，后期粉红色。

竹子也会开花

竹子是多年生草本植物，也就是说，这种高大的草也会开花。只不过，花很小，像穗子一样，花期很短，很难被发现。竹子的花都是风媒花，不太鲜艳。每朵花都有雄蕊和雌蕊，当雄蕊的花粉落到雌蕊的柱头上时，就能形成种子，长出新的竹子。

地下的茎

方竹的地下茎横着生长，纵横交错。节上长着许多须根和芽，一些芽长成了竹笋，如果无人采摘，就迅速长成了竹子。另一些芽则在地下横着生长，发育成新的地下茎。因此，竹子都是成片成林的，相互都有连接。

武夷山苦竹：稀有的近危物种

武夷山苦竹为近危物种，之所以叫苦竹，是因为竹笋很苦。武夷山苦竹，小时候为绿色，身上有白色粉末，成年后颜色暗淡，会出现深黑色的垢状粉末。

武夷山苦竹笋

武夷山凸轴蕨

专在岩石缝里"安家"

物种身份证

姓名： 武夷山凸轴蕨
别名： 数据缺乏
纲： 薄囊蕨纲
目： 水龙骨目
科： 金星蕨科
现状： 数据缺乏

岩缝里的生命

武夷山凸轴蕨是一种蕨类植物，总是散落在岩石中安家，在岩石向阴的缝隙中发芽成长，好像很忧郁，不愿意与人接触一样。

对称的"羽毛"

在石缝间，武夷山凸轴蕨依靠短而直立的根状茎，支撑自己高达 42 厘米的"身体"。它们的叶柄只有大约 1 毫米粗，但支撑着足有 20 厘米长的 10 对大羽毛似的叶片。每一片大叶子都由大约 14 对羽状小叶片组成，这些小叶片在叶脉的两边"排队"，不知道是怎么长得这么均匀整齐的。

神奇的孢子

蕨类植物都依靠孢子繁衍后代，武夷山凸轴蕨也不例外。在那些小羽毛叶片的末端，有 4 ~ 5 对孢子囊群。这些孢子囊群很小，看上去就像一颗颗圆圆的棕色微型肾脏。它们很快就会成熟，然后孢子从囊里被弹射出来，落地生根。

武夷山仅独有的蕨类就有 14 种，其中带有"武夷"二字的有武夷山凸轴蕨、武夷蹄盖蕨、武夷耳蕨、武夷粉背蕨等。

扭瓦韦：蕨类家族里的"另类"

扭瓦韦是水龙骨科瓦韦属的蕨类植物。它们"身高"10 ~ 25 厘米，附生在树木和岩石上。扭瓦韦的叶片是披针形，又扁又宽，它们和多数蕨类植物长得都不一样，是蕨类家族里的"另类"。不过，它们的叶片上也有圆卵形的孢子囊群，孢子囊排列得整整齐齐，就像人为摆上去的一样。

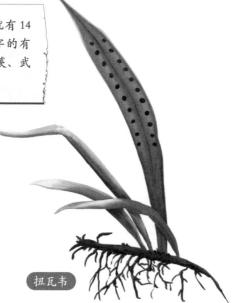

扭瓦韦

"戴帽子"的小精灵

当你看到帽蕊草时，一定会连连惊呼，因为它们有着非常奇特的外表。它们一般有3~8厘米高，有一对米黄色半透明的"手臂"，向左右伸开；中央是粉嫩的圆柱形或卵形身体；"脑袋"上顶着一个白色小圆球。乍一看，分明是戴帽子的小元宝或小酒杯！这顶"帽子"并非一直呈白色，当缺少水分时，白帽子甚至整个米黄色身体都会变成深棕色。

帽蕊草
"戴帽子"的小草

寄生在树根上

帽蕊草不能独立生存，它们的叶片进行光合作用的能力很差。它们常寄生在壳斗科植物上，比如，一种叫长尾柯的树上。凭借杯托状的"手臂"，把根深入长尾柯的根部，让自己和长尾柯融为一体，夺取长尾柯的养分，来养活自己。帽蕊草还有个外号，叫"奴草"。这是因为它们认定了一棵树寄居后，便一生不离不弃。一旦宿主死去，它们随后也会枯死。

神秘的繁衍方式

帽蕊草会开花，但不结果。人们不知道它们是怎么繁衍后代的。科学家推测，它们很可能是依靠蜂类传粉，借助鸟类、蚂蚁或其他动物来传播种子。

短梗挖耳草：低调的食虫草

短梗挖耳草又叫密花狸藻，是狸藻科狸藻属植物。奇异的是，这种看似不起眼的小草是肉食性植物。它们没有真正的根和叶，茎枝变态成匍匐枝、假根和叶，捕虫囊就生在叶、匍匐枝或假根上，看起来像一个个小球，虽然只有1毫米左右，但上面有囊口，如果有小虫钻进捕虫囊，囊口上的一些附属物就把它们阻挡在囊里，再慢慢地将它们消化吸收掉。

捕虫囊

宽距兰

翩翩花中仙子

物种身份证

姓名：宽距兰
别名：数据缺乏
纲：单子叶植物纲
目：微子目
科：兰科
现状：濒危

"肉质"的兰花

宽距兰是腐生草本植物，高 10 厘米左右，根状茎是肉质的，直直挺立着，为好看的淡粉色。宽距兰不长绿叶，六七月时，"头顶"上开出 3 ~ 5 朵花，是淡淡的紫色。

喜欢阴凉幽暗

宽距兰看起来柔弱无比，却生于海拔 1800 ~ 2000 米的山坡草丛中或林下，甚至长在深山幽谷的山腰谷壁上、石缝里和溪边峭壁上，能扛住艰难的环境和寒凉，不喜阳光照射。

武夷山的兰科植物非常丰富，已知的有 78 种。

盂兰：会"黑脸"的兰花

盂兰植株高达 33 厘米，粗 5 ~ 6 毫米，也是肉质根状茎。它们的茎很纤细，带着白色，但在果期变为黑色，好像生气黑了脸，非常奇异。

寒兰仙鹤：有动感的兰

寒兰仙鹤是武夷山寒兰的一种，叶子有点像柳叶，主瓣像鹤顶，垂下的副瓣像仙鹤在展翅飞翔，极富动感，又很淡雅。

盂兰

寒兰仙鹤

假鳞茎是兰花变态的茎，肉质，圆形，用于储存养分和水分，是兰花的"粮仓"。

兰科植物分地生兰、附生兰、腐生兰。地生兰是兰株生于地面土壤中的兰花，如建兰、寒兰。附生兰是兰株附着在树干、岩石等上面的兰花，但只是附着在寄主表面，并不吸收寄主的养分，如蝴蝶兰。腐生兰无绿叶，也没有假鳞茎，地下有根状茎，主要依靠与真菌共生而吸取养分，如天麻。

建兰：活着就是为了开花

建兰也叫四季兰，就是从晚春到早冬，都能开花，不过主要是夏季开花，因此又叫夏兰。建兰是一个大家族，有很多成员，其成员"模样"、颜色、香气都不同。有些品种在秋天盛放，叫秋兰或秋蕙。建兰是地生兰，假鳞茎很大，叶子很光滑，有很强的抗逆性，就是能抗寒、抗盐、抗虫害等。

相传早在帝尧时，我国就种植兰花了。古人认为兰花高洁、清雅、幽香，是理想之美，兰花于是被人格化，舞剧中有"兰步""兰指"，优秀的诗文和书法被称为"兰章"，真挚的友谊叫"兰交"，人的芳洁美慧被喻为"兰心蕙质"。

建兰

建兰

武夷山对叶兰

建兰

腊莲绣球

长得像古代"绣球"

物种身份证

姓名： 腊莲绣球
别名： 数据缺乏
纲： 双子叶植物纲
目： 蔷薇目
科： 虎耳草科
现状： 无危

叶子的变化

腊莲绣球是一种灌木，高 1～3 米。它们的叶子摸起来手感就如纸一样，叶子的颜色会随着水分含量的变化而变化。水分含量少时，叶子正面为黑褐色，背面为灰棕色；水分充足时，叶子是淡紫红色或淡红色，叶面上的毛还有灰棕色的小颗粒。

繁衍的秘密

它们为什么被称为"绣球"呢？这是因为这个家族开的花好像绣球一样团团簇簇，圆圆的，符合古人对"吉祥"寓意的理解。腊莲绣球盛开后，夏天早晨，蜜蜂和其他昆虫会来吃吃"早餐"。等到特别热时，腊莲绣球开始打蔫"休息"，蜜蜂便很少访问花朵。不过，生在阴凉处的腊莲绣球还很"精神"，还有蜜蜂飞来飞去帮助它们传粉。腊莲绣球和蜜蜂之间是双赢关系，蜜蜂帮助腊莲绣球传粉，腊莲绣球作为很好的辅助蜜粉源植物，能帮助蜜蜂顺利度过夏天。

草绣球

草绣球

草绣球又叫八仙花、紫阳花，是虎耳草科植物，也是落叶灌木。

植物非常有智慧，也懂得适者生存的道理。比如，植物会用美丽的花或香甜的蜜吸引动物帮它们传粉；同时，它们又不能让动物吃它们，于是便进化出了刺、毒，或木质化。

过路黄

过路黄：喜欢"纠缠不清"

过路黄是报春花科珍珠菜属草本植物。茎柔弱，平卧延伸，常缠结在一起，不分彼此。

白英

"随遇而安"的草

坚忍的"性格"

很多植物的花瓣都是前伸的，白英的花却反着来。花冠不仅不去包裹花房，反而努着劲向后，围住了连接自己的植株，好像被大风吹向了后边。白英生长在山谷草地、道边或田野边，既耐得住寒冷，也耐得住干旱。

獐牙菜：神奇的小草花

獐牙菜是龙胆科植物，虽然只是草本植物，却能长到 2 米高。它们在海拔 3000 米处的高寒地带也能生存。它们的花瓣纯白，花萼黄绿，花瓣尖有泼墨般的小点，摇曳在叶间，仿佛一颗颗在绿云间闪烁的星星。

瘤毛獐牙菜：于秋季绽放清香

瘤毛獐牙菜也是龙胆科草本植物，一般可以长到 15 厘米高。这种草的主根很明显，四棱形的茎直直挺立着，很有"骨气"的样子。很多花都在春天开放，但它们在秋天开放，为萧索的秋季平添了一抹生机。

獐牙菜

武夷山物种丰富。2016 年到 2021 年，武夷山国家公园发现了武夷凤仙花、武夷山孩儿参等新种。武夷凤仙花是肉质、不分枝的草本植物；武夷山孩儿参是石竹科植物，只在武夷山国家公园有发现。

瘤毛獐牙菜

物种身份证

姓名：白英
别名：白草、排风草、山甜菜等
纲：双子叶植物纲
目：管状花目
科：茄科
现状：无危

像不像要起飞的火箭？

哇，白英的花瓣好像尾巴一样！

红菇
要求"苛刻"的武夷山红蘑菇

物种身份证

姓名：红菇
别名：数据缺乏
纲：弹子菌纲
目：伞菌目
科：红菇科
现状：数据缺乏

生于夜晚

武夷山红菇虽貌不惊人，但对生存环境极为挑剔，只生长在原始红椎林中。由于它们对生长要求非常苛刻，人类根本无法种植，它们只能生存在武夷山。每年端午节前后，气温高，湿度大，原始森林里一片闷热、阴暗，这时武夷山红菇就冒头了。但它们大多在夜晚"诞生"，因此，当地人常常在夜里 11 点之后进行采摘。

绯红湿伞：无毒的真菌

绯红湿伞也叫猩红罩、猩红蜡伞等，为担子菌门真菌，菌盖直径 2~5 厘米，个头儿小。一抹猩红色在枯枝落叶中显得异常鲜亮。它们虽然色彩艳丽，却没有毒，但它们味道寡淡，所以很难被端上餐桌。

绯红湿伞

如果你把水对着蘑菇"脑袋"浇下去，上面的小孔就会冒出缕缕"青烟"……

冒烟就是在扩散孢子！

多形油囊蘑：新物种"驾到"

多形油囊蘑为油囊蘑属大型真菌，多生于腐木或腐殖质上，有的会长在树木上。它属于小脆柄菇科下的属，数量极为稀少，全球仅报道有 2 个种，和其他蘑菇一样，依靠孢子繁殖。

多形油囊蘑

目前，人类对大型真菌物种的认识只有 6%。

蝉花

虫与草的结合

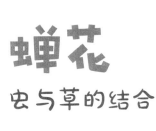

蝉花

冬虫夏草

蝉花的样子

蝉花是一种虫草，既有动物的外形，又有植物的外形，与青藏高原上的冬虫夏草很像。的确，它们也由虫子和草组成。蝉花的根是蝉幼虫的身体，花是从蝉幼虫头部长出来的，长约 3.3 厘米，分散在顶端。细细看，能看到乳黄色的"花粉"，被称为蝉花孢子粉，能繁衍后代。

蝉花的诞生

蝉花是怎么形成的呢？和冬虫夏草一样，也是动物幼虫被虫草菌感染、寄生的结果。蝉的幼虫还没有羽化时，名为蝉拟青霉菌的虫草菌（一种真菌）就寄生在蝉幼虫的身体里。一旦遇到合适的气候，蝉拟青霉菌就开始吸收蝉幼虫体内的营养，让自己快速成长，转化成菌丝体。当蝉拟青霉菌把幼虫的养分全部吸收，只剩下一个躯壳后，菌丝也成熟了。等到春天时，菌丝体就从蝉壳里伸展出来，因为顶端分枝"发芽"，好像花朵一样，所以叫蝉花。

蝉拟青霉菌"钟爱"的宿主有 7 种，即竹蝉、云南黑蝉、小鸣蝉、山蝉、草蝉、透翅蝉和蟪蛄（huìgū）。

蜂头虫草

蜂头虫草：寄生于蜂体

蜂头虫草是麦角菌科的一种虫草，一半为虫，一半为菌。当鳞翅目的一些幼虫或成虫，如黄蜂，吃下了虫草的子囊孢子后，孢子在黄蜂身体里萌发成菌丝，消耗黄蜂的营养，使黄蜂死去，落入枯枝烂叶中。菌丝从黄蜂的身体上长出来，在顶端膨大处生出许多子囊果，每个子囊果中有许多子囊，每个子囊里有 4 个子囊孢子，用于繁殖。

地质地貌
武夷山的前生今世

武夷山的"长相"

漫步在武夷山国家公园时，让你最感震撼的应该是千姿百态的岩峰吧？虽然这里的岩峰并不巍峨高耸，大多数海拔都在 400 米左右，但奇峰突兀，壁立陡峭，各具形态。有的如玉女，有的如雄鹰，有的如猛虎，有的如飞瀑……有的亭亭玉立，有的刚猛冷峻，有的沧桑孤傲……在你被征服的同时，你也许会思索，武夷山为什么会"长"成今天这个样子呢？这就要从几亿年前说起了。

变质岩

大约几亿年前，武夷山还是平地，地球内部的岩浆岩和沉积岩"忍受"不住高温、高压，发生了变质，"变身"为变质岩。地壳运动活跃时，它就冲出了地面，大家现在看到的地表就是几亿年前开始形成的。

岩浆岩

在中生代（约 2.52 亿年前至 6600 万年前）晚期，武夷山国家公园一带的地壳运动活跃，火山喷发频繁，"封"在地球深处的岩浆"逃离"地底，喷射到地面，由于自身温度极高，冲出来后，骤然遇到外界的低温，便凝固成了岩石。这就是岩浆岩，即火山岩。

红色砂砾岩

砂砾岩由碎屑一样的岩石粒、矿物碎屑、黏土、化学沉淀物等胶结而成。这些红色岩石的形成时间，也要追溯到遥远的过去。在中生代侏罗纪至新生代第三纪时，沉积的红色岩层在侵蚀、风化的作用下，形成了红色岩石。

与众不同的地貌

神奇的地质变化，使武夷山国家公园的地貌也与众不同。在公园里，主要分布了丹霞地貌和中低山地貌。

丹霞地貌

丹霞地貌又叫红层地貌，"红层"指的就是红色砂砾岩层。岩层有 300 ~ 500 米厚。在漫长的岁月中，它们经历过好几次剧烈的地壳运动，逐渐崩塌、分裂，形成了一些盆地、谷地和一些低矮的山丘。红色砂砾岩中含有石灰岩砾石和碳酸钙胶结物，在水的冲刷、溶解、侵蚀下，还形成了溶洞、石芽、峰林等。

晒布岩

晒布岩：丹霞地貌，是流水长期冲刷所形成的奇观。岩壁上有几百道直溜溜的流水痕迹，映在溪中，就像无数条银蛇游动，其中，长度超过 3 米多的有几十道。

中低山地貌

构成中低山地貌的主角，就是火山岩。攀爬到山顶，你就会看到，那里有很多火山岩中的凝灰岩、流纹岩。中低山地貌的山都是"小个子"，海拔多为 400 ~ 1000 米。

武夷山脉
云窝里的奇观

"一脚"在江西，"一脚"在福建

武夷山又叫虎夷山，一部分位于江西省，一部分位于福建省。它位于两省的交界处，就像一个人在迈步，"一脚"在江西，"一脚"在福建。武夷山长 500 多千米，是江西省最长的山地、福建省最高的山脉。

关于武夷山的名字，还有一个传说。尧帝时，彭祖带着儿子彭武和彭夷隐居，当地经常发生洪灾，彭武与彭夷便开山凿石，挖河修渠，疏导了洪水。人们为了纪念他们，便把他们挖出的土石山称为"武夷山"。

黄冈山：华东屋脊

武夷山的许多山峰海拔在 1000 米以上，主峰黄冈山海拔 2160.8 米，是我国东南大陆最高峰，被称为"华东屋脊""武夷支柱"。因山顶长满萱草，秋天开花时，一片金黄，所以叫黄冈山。黄冈山是典型的丹霞地貌，也是全球同一纬度上仅有的一片生物多样化绿洲，弥足珍贵，被誉为"珍稀植物王国""奇禽异兽天堂"。

黄冈山景区有七星山、望夫山等山。关于望夫山，还有一个传说。很久以前，有一个地方叫白鹤仙岩，那里住着一些人家。有一位女子的丈夫远征未归，女子便每天攀上白鹤仙岩，盼望丈夫能早日归来。日复一日，女子最后化石成岩，人们便把"白鹤仙岩"改名为"望夫岩"或"望夫山"。

武夷大峡谷

武夷大峡谷：东南第一大峡谷

　　武夷大峡谷又叫大谷、东南大峡谷，位于九曲溪的上游，南北纵横约 80 千米，垂直落差 1600 多米，为一处罕见的地质构造断裂带。站在海拔 1600 米的陡崖处，看着一侧的黄冈山，只见谷底云蒸雾绕、溪水湍急、碧潭点点、民居错落，令人疑似身在仙境。

　　在武夷大峡谷景区，有青龙大瀑布，它由多个瀑布群组成，全长 200 多米，落差达 120 米，最宽处 40 多米，空气中的负氧离子含量最高达每立方厘米十多万个，是一个天然氧吧。

天游峰

天游峰：武夷第一险峰

天游峰位于九曲溪中的六曲溪北面，景区中心海拔为 408.8 米，为武夷山"第一胜地"。之所以叫这个名字，是因为山峦之下，隐藏着许多洞穴，每到冬春季节，洞中总会逸出烟云，在峰石间亦卷亦舒，被称为云窝。当雨后初晴时，烟云弥山漫谷，起伏不定，变幻莫测，俨然海浪澎湃，人在云中，有如在天上遨游。

明朝地理学家徐霞客曾考察天游峰，说："其不临溪而能尽九溪之胜，此峰固应第一也。"因此，天游峰有了"武夷第一险峰"的美誉。

大王峰：有若擎天之柱

大王峰又叫纱帽岩、天柱峰，其山形"长相"就如官者的纱帽，别具王者威仪。它雄跨九曲溪口，与玉女峰相对，是进入武夷山的第一峰。虽然海拔只有 530 米，但气势磅礴，若擎天之柱，有"仙壑王"之誉。悬崖峭壁上，只在南壁有一条狭小的、直上直下的裂隙可供攀登，而且要侧着身子、缩着肚子、手足并用才能过。峰顶则古木参天。

玉女峰：神奇的柱状山

玉女峰位于九曲溪第二曲，是一处怪石奇观，它突兀挺拔，又有着泰山一样的雄伟。峰壁有两条垂直裂隙，直接将柱状山体分为三块峭岩，就像三位一个比一个高的玉女姐妹，亭亭玉立于二曲溪。峰顶有花草树木，好像为玉女的头上戴上了山花。令人惊奇的是，玉女峰一直以来都没有路径可供攀爬，可是，在峰壑半壁，却有古人在此生活过的遗迹。

玉女峰

三才峰：互相依偎的山峰

武夷山九十九岩之一，三座峰峦像兄弟一样并立，紧紧依偎，令人有一种"天时、地利、人和"的感觉。

鹰嘴岩：有如雄鹰的岩峰

鹰嘴岩被称为武夷山最奇特的岩峰，它浑然一体，庞大无比，岩顶光秃秃的，东端向前突出，形状如鸟喙，看起来就像一只雄鹰正展开翅膀。"鹰嘴"上还长着一株古老的刺柏，别有一种情趣。

溪流
滋养生命之水

九曲溪入崇阳溪处

水利万物

　　武夷山国家公园位于闽江三大支流之一建溪水系的上源区域，园内溪流纵横、河水奔腾，滋养着这里的动植物。

崇阳溪："不起眼"的大溪

　　崇阳溪由很多沟壑山涧汇成，发源于武夷山脉的铜钹山，主干流全长 162 千米。别看它"不起眼"，著名的九曲溪就是它的支流。

九曲溪：一路上折了九曲

　　如果武夷山有灵魂的话，那么九曲溪就是它的魂魄。九曲溪全长 62.8 千米，流经景区 9.5 千米，发源于武夷山自然保护区的桐木关。溪水穿流时，因为要绕过奇峰奇岩和密林，一路上折了九道弯，所以叫九曲溪，且每一曲溪都伴着不同的山水和诗情画意。

九曲溪

桐木溪：九曲溪的源头之一

桐木溪发源于黄冈山和青龙大瀑布，是九曲溪的源头之一，也是武夷山最清澈、最纯净的水源，一路从西向东穿过了武夷山国家公园。由于流经的地势比较险峻，桐木溪水流湍急，最高有 2.8 米的落差。而且，高落差的地方不止一处，极为惊险。桐木溪流到武夷宫时，汇入崇阳溪。

麻阳溪：不像溪水的溪水

麻阳溪是一条很长的河流，长 130 多千米，发源于武夷山国家公园的中南部。这条长溪流大约有 18 千米在公园内，像一条闪耀的白练。它自出发始，就奔着闽江而去，最终注入大海。在它奔涌向前时，会经过一些比较陡峭的路段，有 V 形峡谷，也有 U 形河谷，水流湍急，势若猛虎，令人怀疑它不是一条溪水，而是一条大江。

黄柏溪：从独流到合流

在武夷山国家公园北部的麻粟坑，涌出一条溪流，它就是黄柏溪。黄柏溪全长约 40 千米，流经公园的长度约为 8 千米。它流经多个村庄，一直匆匆忙忙地向前赶，一刻不停息，直到和崇阳溪汇合。

气候

亦雨亦热

世外桃源

武夷山国家公园多雨，原因和这里的地势有关。武夷山脉逶迤起伏，丘陵连绵不绝，形成了一道天然屏障，截留了东南海洋季风，使公园形成了中亚热带温暖湿润的季风气候，所以降水非常多，造就了亚热带原生性森林生态系统，成为许多古老、孑遗物种的"世外桃源"。

总是在雨季

一年12个月，公园里的雨季占据了多数时间。比如，每年3—4月是春雨季，5—6月是梅雨季，7—9月是雷雨季。剔除秋冬两个少雨的季节，一整年的雨季天数在150天以上，有时甚至多到199天都在下雨……雨季并不"孤独"，高温会与它"同行"。丰沛的雨水、漫长的雨季，加上持续的高温，使得公园的年平均温度能达到17℃~19℃，最低温度在2℃~8℃，冬天也比较暖和。

此前，保存武夷山国家公园的数据时，多记录在纸上，很难为生态保护工作提供技术支持。现在，工作人员可以通过智慧管理中心的大屏幕全方位、全天候监测空气质量、水质、气候等，各项指数一目了然。

武夷神韵

　　奇特的气候让人们一进入公园就感觉到一股温润的气息扑面而来，同时也能欣赏到云雾缭绕的"仙境"。迷蒙的水雾从连绵的树冠群中袅袅升起，与天上的云融为一体，武夷山巍峨的身躯在雾气中若隐若现，显示出美不胜收的"武夷神韵"。

　　由于气候特殊，公园内也会发生气象灾害，如夏季晴热时，遇到暴雨，可能会造成九曲溪"水漫金山"。秋冬季，冷空气势力占上风，可能会出现秋旱，致使空气干燥，易引发森林大火。

　　2019年，武夷山国家气候观象台和武夷山国家公园气象台成立，这是中国第一个专为国家公园成立的气象台。其中包括水情遥测系统，可及时了解天气、水情等情况。

　　现在，公园运用互联网、卫星遥感、无人机、地理信息系统（GIS）等信息技术手段，进行资源监测、防火预警等。还有智慧中心防火预警平台，具有透烟、透雾、红外夜视等功能，可24小时远程监控森林火情。

生态系统
神奇的植物垂直带

山地从下而上按一定顺序排列形成的垂直自然带体系，就叫垂直带谱。由于植被垂直分布，因此，武夷山国家公园中常见"一山多景"的奇特景观。

常绿阔叶林

常绿阔叶林是由高大的乔木、中等"身高"的灌木、矮小的草本植物组成的森林。在公园海拔 1300 米以下的山地，它们是主角，如红豆杉、观光木、蕨类等。

针阔叶混交林

在海拔 1300 ~ 1800 米的区域，开始变冷。一些树木为存活下去，不得不落叶，减少养分消耗，以便挨过严寒气候。有一些阔叶树凭借强大的适应力，依旧能保持四季常青。针叶林与落叶阔叶林组成了混交林。落叶乔木水杉等树木，就是这里的"居民"。这里还有针叶林，如常绿的马尾松等。

有些树种为提高耐寒度而采用的"绝招"已经到了登峰造极的地步。比如，针叶松就是通过把树叶进化成"针"的形状，减少热量散失，从而在高山生存。

温性针叶林

在海拔 1100 ~ 1850 米的区域，还有温性针叶林，"居民"为黄山松、南方铁杉、柳杉等。其中，南方铁杉的"地盘"很大，黄山松林有强悍的野外繁殖能力，家族稳定。

5 条垂直带谱

武夷山国家公园有多"神气"呢？一言以蔽之，这里有世界上同纬度最完整、最典型、保存面积最大的中亚热带原生性常绿阔叶林生态系统，为中国东南动植物宝库。随着海拔的不断升高，呈现出 5 条鲜明的植被垂直带谱，依次为：常绿阔叶林、针阔叶混交林、温性针叶林、中山苔藓矮曲林、中山草甸，是中国大陆东南部发育最完好的垂直带谱。

常绿阔叶林

针阔叶混交林

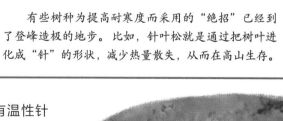
温性针叶林

柳杉

中山苔藓矮曲林

海拔越来越高了，参天大树的身影也越来越少了。在海拔 1700～2000 米的区域，大多为苔藓和一些矮小林木。比如，黄杨矮林就在这里"称王称霸"。也可以看到一些薄毛豆梨、波缘红果树等灌木。它们虬屈盘绕，奇诡多变，仿佛异境奇木，其实它们的样子是高山疾风劲吹的结果。

中山苔藓矮曲林

中山草甸长满苔藓的大树

中山草甸

到了海拔 2000 米以上的区域，植物更少了，有野青茅、沼原草、芒、野古草等，还散落着菊科、莎草科等科属的植物，偶尔会见大树。在海拔 2000 多米的黄冈山山顶，裸露的岩石上，生长着疣黑藓和高山钱袋苔，还有地衣。岩石上的地衣好像花纹一般，水洼里则长着绿油油的牛毛藓。

中山草甸上矗立着一座碳通量塔，每秒监测二氧化碳、水汽等 10 个通量数据，可研究不同植被的二氧化碳交换能力。

地衣是藻类和真菌的共生体，为低等生物，但能逆境生存，是了不起的先锋物种。在亿万年前，地衣附在岩石上，分泌有机酸，促进岩石风化，逐渐形成土壤。形成 1 厘米厚的土壤，往往需要几百年到几千年的时间。地衣和苔藓对空气中的有害物质非常敏感，能够通过它们观测大气环境的质量情况。

碳通量塔

古越人

失落的文明

古越人

　　武夷山国家公园不仅拥有奇特的自然景观，还拥有丰富的人文景观。早在新石器时代，古越人就在这里繁衍生息了。"越"不是指民族，而是泛指长江中下游及其以南地区的古部落。武夷山所在的福建省一带，最早出现的古越部落为"闽人"，是福建土著，他们在几十万年的时间中，生活习惯从茹毛饮血慢慢过渡到打猎、用火、种植水稻。

架壑船棺

　　古越人将死者"埋葬"在周围的岩峰上。大藏峰、白云岩、大王峰等岩峰都有洞穴，他们在洞口搭上虹桥板，就是用来支架棺木或架设栈道的木板，然后把船形棺放入山洞。这种奇特的丧葬习俗，延续了很多年。今天，从九曲溪乘竹筏行于溪上，就能看到岩峰绝壁上有很多"架壑船棺"。那么在3000多年前，古越人是怎么把这些船形棺吊上悬崖峭壁的呢？这个问题至今是一个不解之谜。

消失的古国

　　大约在战国时，越国被楚国所灭，有一支王族来到武夷山，建立了闽越王国。汉高祖的时候，闽越国臣服朝廷，国王无诸被皇帝封为闽越王。闽越国的王城建于丘陵山地上，城内有殿宇、楼阙以及用于冶铁、制陶等的"专区"。建筑左右对称，利用山坡、沟谷把雨水、污水分流，令人称奇。不过，没过几代，汉武帝时，王城被烧毁，闽越国就此消失了。

　　当年闽越王所在的王城，被称为汉城遗址，位于武夷山市兴田镇城村村，是一块文化国宝，被誉为"东方的庞贝古城"。

武夷君

闽越国消失了，人间的王没有了，但"仙界"的王还存在，他就是武夷王，也就是武夷君。传说他是武夷山的山神，在先秦时就已存在。也有传说说他在武夷山修炼成仙，天帝命他管理群仙。很多当地百姓在入山前，都会向武夷君祭祷。西汉时，汉武帝曾专门派人到武夷山用干鱼祭祀武夷君。唐朝时，唐玄宗封表武夷山，还下令保护动植物，不准随意砍伐树木。

古崖居

清朝咸丰年间，太平天国军队从江西进入崇安，居住在武夷山一带的富豪为避难，决定利用武夷山天险躲藏起来。他们在几百米高的丹霞岩壁上找到一些山洞，洞口很小，洞内很大，有的能容纳几百人。他们架上天车，相当于辘轳，把木头吊上来，在山洞架设木楼、厢房、贮藏室等。这些建筑，有点儿像架壑船棺，高悬在半空，离地几十米。崖体海拔几百米，像刀切一样笔直陡峭，且上有危岩，下有深渊，足见武夷先民的智慧和胆识。当太平天国军队过境后，仍有一些人在此居住。

天车是一些木构架，用整根木头搭建，一半嵌在崖体内，一半悬在半空，用榫卯连接，未用一颗钉子，工作原理和现代的吊机一样，能运物，也能运人，堪称最早的人力电梯。

在古代，许多高人雅士、文臣武将被武夷山吸引，到此隐居、著述，或者游览，留下30多处书院遗址，400多处摩崖石刻，另有60多处宫观寺庙及遗址。

美食
舌尖上的生活

粿仔

又叫"街头粿（guǒ）"，制作时，先把早米磨浆、沥干，然后切成手指大小的条形。蒸煮时，加入调料、肥瘦相间的猪肉即可。

薜荔冻

从山上采摘野生薜荔果，暴晒后使之成为半凝固状，再加入蜂蜜或蔗糖，吃起来十分清凉。

瘦肉羹

将切碎的猪肉和面粉一起搅拌，再用小调羹一小勺一小勺分到锅里煮熟，煮成汤极为鲜美。

胡麻饭

俗称"麻糍"，只需把糯米蒸熟、捣烂，揉成小团，拌上芝麻、白糖等就可以吃了。

小·笋酸菜

将通过复杂工艺制成的闽笋笋干配酸菜一起炒，笋干金黄，笋肉脆爽，酸菜咸香，令人垂涎欲滴。

山菌汤

用红菇、香蕈等野生蘑菇清汤炖煮，清甜可口，可以解油腻。

吴屯稻花鱼

将鲤鱼清理干净后，炸至金黄，再用天然泉水烹煮，鲜香、辣香、葱香扑面而来，令人口齿生津。

岚谷熏鹅

放入辣椒、药材与鹅肉同煮至七八分熟，加入香料，再加入盐、蒜泥等翻炒，然后放上大米、桂叶熏制，鹅肉会带有松脂香味。

岚谷水豆腐

用当地的天然水和黄豆，研磨后用传统工艺制作，鲜、嫩、清香。

朱子家宴

取材于当地田间地头及河塘，菜品多为文公菜、苦莲汤、葱汤麦饭、田螺煲、黄鳝煲、泥鳅煲、炒金粿、莲田鱼、煮笋、藕带等。

茶
树叶创造的文化

璀璨的茶历史

商周时代，武夷山的茶就是呈给周天子的贡品了。到了制茶技术大飞跃的宋朝，武夷山的茶就更抢手了。到了清朝，茶的全盛时刻到来了，名茶辈出。

喊山与开山

元朝时，武夷山开了御茶园，之后的每一年几乎都会举行一种仪式。每到惊蛰这天，茶农聚集到御茶园，按照规定的程序齐声高喊"茶发芽，茶发芽"，用朴素真诚的呼声，祈求神灵保佑茶树丰收，茶叶味道甘醇。这就是"喊山"的仪式。到了立夏的前三天，茶农们也会进行祭祀活动，他们早早起床，由专人带领，祭祀制茶祖师，然后到休茶地采摘茶叶。等到太阳升起，露水刚收时，仪式就算结束。这便是"开山"的仪式。为表示对制茶祖师的尊敬，仪式进行中，人们不能说话，也不能回头。

茶区三角戏

这是一种"采茶戏"，为传统戏曲，内容表现的都是采茶人的生活。在古代，采茶人为鼓励自己奋力劳动，会用歌声给自己加油鼓劲。歌曲大多是山歌，被称为采茶歌，采茶戏就是在采茶歌的基础上再加入道具、配乐等形成的舞台表演。

茶百戏

茶百戏是一种斗茶活动。人们通过冲、点、搅拌等方式让茶汤显现出花纹脉络，由此评判输赢。据说，宋朝名人苏轼、李清照、陆游等都喜欢斗茶，还留下了诗文。

采摘

鲜叶不可过嫩，过嫩则香气低、苦涩；不可过老，过老则味淡薄、香气重。避免雨天采、带露采；避免采破损之叶。

萎凋

在太阳下晾晒，使鲜叶丧失水分。

做青

多次摇青，使叶片不断碰撞、摩擦，以至边缘破损；再静置发酵，使之氧化，散发出自然的花果香气。

杀青

在高温下团炒、吊炒、翻炒，使香气纯化。

揉捻

揉茶叶，使条形紧结，提高茶汤浓度。

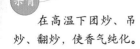

初焙

在一个密闭的焙间中，用焙笼进行烘焙，温度要高，工序结束后制成的茶就是毛茶。如果要精制，还需要多种工序。

拔烛桥
星星一样闪烁的烛桥

元宵节，拔烛桥

从新石器时代开始，便有人来到武夷山居住。在漫长的岁月中，他们逐渐形成了自己的文化。在武夷山的枫坡村，就有一个拔烛桥活动，一般在元宵节时举办。

有趣的来历

关于拔烛桥，还有一个有趣的故事。传说清朝咸丰年间，一位名叫邱美金的官员在京当官，他发现家乡人喜欢赌博，于是写信给家乡人，说赌博会产生瘴气，让吉祥的麒麟没法保佑平安和丰收；如果想重获保佑，就要准备 100 个能插蜡烛的木架和 100 盏花灯，在正月十四到十六日这三天里，带着木架和花灯绕村游行，最后连同赌具一起焚烧。家乡人都照做了，并从此专心劳动，这个习俗也流传下来，逐渐演变成了拔烛桥活动。

"烛桥"的模样

烛桥一般由 54～80 个木架组成，弯弯曲曲犹如一条木龙。木架上可插蜡烛。当人把架子扛起来拉直后，点燃的蜡烛如同星星在桥（木架）上闪烁，形成了一座"烛桥"。

怎么拔烛桥

男女老少都可以参加拔烛桥活动。他们组成舞灯队，绕村欢庆。孩子和姑娘们举着花灯，壮年男子抬着大型花灯鼓亭，队伍最后就是小伙子们扛起来的烛桥。转弯时，小伙子们一边发出"呼""哈"的呐喊，一边飞奔而过。人们也开始点鞭炮、烟火，奏响唢呐、锣鼓。游行结束后，小伙子们分成两组，一左一右占据两块田地，开始拔河比赛——拔烛桥。哪一方把对方拉到自己的田里，哪一方在来年就能比对方获得更大的丰收。

五夫龙鱼戏

从鱼化为龙

龙鱼戏

据说，龙鱼戏已经有 800 多年的历史，它脱胎于对科考中举者的祝福和庆祝活动。由于人们喜欢"鲤鱼跃龙门"的传说，认为中举的人就好像鲤鱼跳过了龙门，化成了龙。这种龙是龙头鱼身，又叫龙鱼、鱼化龙。而龙鱼戏的名字就是从龙鱼的称呼而来的，寓意吉祥。

对学子的祝福

从宋朝开始，只要到了科举考试的时候，五夫镇的人就用竹子编出龙鱼的骨架，用绢布蒙上，绘出色彩、形状，做成龙鱼灯，作为吉祥物和庆祝物。现在，依旧有人用这种活动来祝福学子。

最初，五夫龙鱼戏叫"莲鱼戏"，是迎接春季到来、祈求风调雨顺的祈祷活动。到宋朝时，才演变成庆祝考生中举、鼓励学子向学的活动。

到底怎么表演

龙鱼戏分四个部分。第一部分是"连年有鱼"，表现鱼在水中游弋；第二部分是"群鲤斗乌龙"，表现乌龙现身，一群鲤鱼和乌龙战斗；第三部分是"鲤鱼跳龙门"，表现鲤鱼勇敢地跳过龙门，化成龙鱼，战胜乌龙；第四部分回到现实，用各种花灯表现考生登科高中后的欢乐吉祥场景。

五夫傩舞

五夫傩舞

五夫傩（nuó）舞是武夷山五夫镇流传已久的活动，一般在元宵节后进行。人们会戴上用樟木制作的面具，把自己打扮成傩神的模样，一边跳舞，一边挥动"法器"，以祛除晦气和妖孽，祈祷来年风调雨顺、平安健康。

柴头会
从一场起义开始

乡土味儿的活动

在武夷山所在的武夷山市，每年农历二月初六都有一个柴头会。这个活动在武夷山延续了上百年，是一种乡土气息浓郁的民间集市活动。

柴头会的由来

柴头会的出现，可以追溯到明末时。当时，管理武夷山的一个县官十分贪婪，下令进城的人只许挑柴木，携带竹、木家具等东西，还强行征收茶叶税等，让当地人们十分不满。一个叫陈顺光的人带领大家起义，让县官取消了不合理的规定。为纪念这场胜利，人们在每年的农历二月初六举行庆祝盛会，这就是柴头会。

柴头会集市

包罗万象的集市

原本是庆祝起义胜利的柴头会，在经历世事变迁后，逐渐演变成当地人进行交易的集市活动。各村镇的人自发摆摊叫卖，各种各样的商品都有，可谓包罗万象。

蜡烛会：交易和表演

每年的农历二月二十一日，是武夷山市举行蜡烛会的时候。最早的蜡烛会是为祈福避祸，演变到现代，已经变成交易会。人们从四面八方聚集而来，兜售自己的东西，而且蜡烛会有盛大表演活动。表演者把自己打扮成传说或戏文中的形象。表演之前，会看到有趣的场面，如白蛇和许仙一起聊天，岳飞和关公站在一起……到了晚上，上百架烛桥、烛轮、烛亭出现，伴随着鞭炮、烟花、欢呼声，人们穿梭在"岳飞""关羽""佛爷"身边，脸上全是欢笑。

蜡烛会表演

九曲竹排

神奇的制作技艺

坐在竹筏上，漂流而行，四面无遮无拦，抬头可见岩峰，低头可赏水色，侧耳可听溪声鸟鸣，伸手可触清流……是不是很惬意？你是不是要感谢一下这轻快的竹筏？其实，武夷山当地人并不叫它竹筏，而是叫竹排。竹排是武夷山当地人们使用的一种古老的交通工具，它从远古的小舟脱胎而来。

小·小·竹排水中游

大多数竹排宽 2 米左右，长 9 ~ 10 米。毛竹的每个节之间都是密封的，使竹排不会进水。加上竹排轻、吃水浅，没有噪声和污染，因此，当地人都爱用竹排。制作竹排完全是手工活，工序严谨烦琐。

松烟熏烤技艺

◆ 挑选毛竹，一般选生长期 10 个月左右的新竹，枝干较粗大。

◆ 砍下七八根毛竹后，把它们去皮。

◆ 削皮后的毛竹，要晾晒几个月，使其水分蒸发。

◆ 点燃松枝"烧排头"，就是把毛竹的一端放在火上烘烤，烤软后，毛竹会呈一定的弧形；之后，再用同样的方法烧制排尾。

◆ 还要拼排、箍制，把烧制好的毛竹拼在一起、箍紧固定。

◆ 经过 10 多道工序后，才能制成一张竹排。

61

历史名人
时光长廊里的回音

朱熹

朱熹是南宋理学家，生于今福建省尤溪县。朱熹小时候就有大志，五岁时读懂《孝经》，自己在书上写字自勉："若不如此，便不成人。"19岁时，朱熹考中进士，在武夷山"龙鱼戏"的起源故事中，还有他19岁高中的情节。此后，朱熹步入仕途，曾任江西南康知府、福建漳州知府、浙东巡抚等职。他为官清廉、正直，有作为，十分重视教育。晚年，朱熹遭到同僚排斥，被削去官职。他隐居武夷山，创办了4个精舍学堂，专心教书育人，弘扬理学。朱熹71岁时逝世。

蔡元定

蔡元定为南宋人，出生于今福建省南平市，25岁时为朱熹弟子。朱熹开云谷晦庵草堂时，他特地在对面建了一座"西山精舍"以示支持。二人约定，挂灯笼为见面讨论理学的标志，成为一段佳话。蔡元定学问出众，与朱熹亦师亦友，也被称为"朱门领袖"。

真德秀

真德秀是今福建省南平市人，是南宋后期理学家，进士及第后，入仕为官，担任过太学博士、秘书郎、江东转运副使、礼部侍郎等职。他崇尚仁善，重视教育，忠贞正直，敢于直言，曾因此而被弹劾免职，仍坚持道义，死后被谥"文忠"。

宋慈

宋慈为南宋法医学家，出生于今福建省南平市，师从真德秀，做人做事的风格受到朱熹理学的影响。他所著的《洗冤集录》是中国第一部系统的法医学专著，也是世界最早的法医学专著，他被誉为"世界法医学鼻祖"。

徐霞客

徐霞客是明朝地理学家，江苏人，用30年时间在各地考察，撰写了地理名著《徐霞客游记》，被称为"千古奇人"。1616年，徐霞客第一次入闽，对天游峰、玉女峰等典型的丹霞地貌进行考察。

神话传说

聆听另一种声音

玉女峰和大王峰

在武夷山，有两座隔水相望的山峰，一座叫玉女峰，一座叫大王峰。关于这两座山峰，还有一个美丽的爱情故事。

相传，武夷山暴发洪水，百姓困苦不堪。一个名叫大王的年轻人从远方而来，带领大家一起劈山凿石，把河道疏通成九曲溪，挖出来的沙石被堆成三十六峰、九十九岩。从此百姓过上了好日子。

天上的玉女在出游时，被武夷山吸引，下凡游玩，与智勇双全的大王一见钟情。于是，他们结合在一起，过着幸福的生活。

然而，一个铁板鬼知道了这件事，报告给了玉帝。玉帝听到这个消息，顿时火冒三丈。

"天上玉女，怎能和凡人相爱？！"

勃然大怒的玉帝派遣天兵天将去捉拿玉女。但玉女和大王情深义重，不想再回天庭，于是拼死反抗。

铁板鬼见了，便对玉女和大王施了法术，把他们变成了"玉女峰"和"大王峰"两座山峰，分隔在九曲溪的两岸。为讨好玉帝，铁板鬼还把自己也变成了山岩，横在大王和玉女之间，这就是"铁板嶂"。

从此，大王和玉女就被分隔两处，只能隔着山和水两两相望了。

遇仙桥

相传有一年的农历三月初三，观世音菩萨派遣一位神仙带着 5 条仙犬和 5 把天犁来到白水村，找到一座名叫"鹅子山"的山峰，把山的"鹅子鼻"打掉，把山犁平。神仙之所以这样做，是因为只有这样这里才能出现大官，土地才能更肥沃。神仙和仙犬下凡后，想先去庙会游玩一番。于是，仙犬把天犁藏到鹅子山脚下的后溪里，神仙化为一名乞丐，到庙会的观音送子桥上乞讨。

一个摊主施舍了神仙一些斋饭，但神仙还想为仙犬讨一些食物。摊主拒绝了，驱赶神仙和仙犬。仙犬跳下了桥，之后化成青烟消失了。神仙说："我本来是观世音菩萨派来给你们犁掉鹅子山的，没想到你们连一点儿吃的都不肯施舍给我们。我们要回去了。"神仙一边踏上云朵，一边又说："犁掉鹅子山，出大官。打掉鹅子鼻，出沃土。可惜！可惜！"眼看着神仙离开，人们才如梦初醒，便把这座桥命名为"遇仙桥"。

茶洞的传说

很久以前，在武夷山的九曲溪旁，生活着一位采药治病的老人。有一年的夏天，武夷山分外炎热，很多人因此生了病。为给人们治病，老人去山上采药。一日，老人走进一个深山峡谷，一瞬间，周身的暑热全都消散了。他正感到奇怪，猛然看到对面峭壁的石洞里有几株珍贵的草药。他赶紧攀爬过去，不料摔下了山涧。就在这时，一阵清风吹过，一位鹤发童颜的仙人乘着白鹤翩翩而来。

"我是武夷山的控鹤仙人，特来救你。"说着话，老人已来到控鹤仙人的洞府。仙人拿出翡翠葫芦，给老人倒了一杯琼浆玉液。老人感觉清香四溢，喝下后伤痛全消。仙人告诉老人，这是仙茶露，然后便把一棵茶树送给他。老人刚想感谢，宫殿和仙人却已不见踪迹，只有他一个人在石洞里。老人回家后，把茶树种在石洞附近，然后采下茶叶，为百姓治病。从此，人们栽种了更多的茶树，把石洞称为"茶洞"。

图书在版编目（CIP）数据

你好，国家公园 . 武夷山国家公园 / 文小通著 ; 中
采绘画绘 . — 北京 : 光明日报出版社 , 2023.5
ISBN 978-7-5194-7128-6

Ⅰ . ①你… Ⅱ . ①文… ②中… Ⅲ . ①武夷山 – 国家
公园 – 儿童读物 Ⅳ . ① S759.992-49

中国国家版本馆 CIP 数据核字 (2023) 第 071645 号